たのしくできる H8マイコン制御実験

浅川 毅 監修／横田一弘 著

東京電機大学出版局

```
MOV.B    RO
MOV.B    @RO
DEC.B    RO
BNE      SE
MOV.B    @RO
ROTL.B   RO
MOV.B    RO
MOV.B    @R
```

本書の全部または一部を無断で複写複製（コピー）することは，著作権法上での例外を除き，禁じられています。小局は，著者から複写に係る権利の管理につき委託を受けていますので，本書からの複写を希望される場合は，必ず小局（03-5280-3422）宛ご連絡ください。

はじめに

　コンピュータは，今日，私たちの生活に溶け込み，欠かすことができない道具となりました。コンピュータが発明されてから，まだ一世紀も過ぎていませんが（コンピュータのルーツは，1940年代から始まります），コンピュータは飛躍的に進歩し，それにより社会のあり様も大きく変わりました。

　コンピュータの歴史の中で，マイクロコンピュータの発明はとても重要です。マイクロコンピュータを直訳すると，「とても小さいコンピュータ」となりますが，コンピュータが小型化し，大量生産ができるようになったことで，人々の生活の中に爆発的に普及したのです。

　現在，私たちの生活のいたるところで，マイクロコンピュータが活躍しています。パーソナルコンピュータはその代表選手ですが，エアコン，冷蔵庫，炊飯器，電話器，ファクシミリ，カメラ，ビデオ，玩具，産業用ロボット，自動車など，ありとあらゆる機器の中にマイクロコンピュータは組み込まれています。本書は，このような場所で働いているマイクロコンピュータに焦点をあて，その動作原理や活用方法を理解し，実際に応用できるようになるための技術入門書です。

　本書で扱うH8マイコンは，組込みシステム用に開発されたマイクロコンピュータで，コンピュータの機能を1つのICに収めたワンチップ・マイコンです。H8マイコンは，高性能な16ビット（内部32ビット）CPUを内蔵し，入出力ポート，タイマ，A/D変換器などの周辺機能も充実していて，様々な機器に応用できます。本書では，このH8マイコンを題材に，組込みマイコンシステムの仕組み，開発環境の整備，プログラミングや回路設計の考え方を解説していきます。

　マイクロコンピュータやその周辺技術は，過去の優れた技術を集大成してできているため，とても複雑です。本書では，できるかぎり全体的なイメージが浮かぶように，基本的な事項を選び，その意味や背後の考え方に主眼を置いて説明しました。しかし，それを理解する最良の方法は，実際にロボットなどの制御シス

テムを，自分自身で組み立ててみることだと思います．そこで，最終的にロボットを製作することを目標に，それに必要な要素技術を1つずつ解説していく構成としました．各章ごとに独立したテーマを設定しましたので，興味のあるところから読み進めてもよいと思います．

　終わりに，本書を執筆する機会を与えてくださり，貴重なアドバイスをいただいた監修の浅川毅氏，本書を出版するにあたり多大な尽力をいただいた東京電機出版局の植村八潮氏，石沢岳彦氏に，そして何より読者の皆様に心から感謝申し上げます．

　2004年3月

著者しるす

もくじ

1. 組込みマイコンとH8 —————————— *1*

- 1.1 マイコンの動作原理 …………………………………… 1
- 1.2 マイコンと2進数 ……………………………………… 2
- 1.3 CPUの機能 ……………………………………………… 3
  - 1.3.1 CPUの基本動作 ………………………………… 3
  - 1.3.2 CPUの信号線 …………………………………… 4
  - 1.3.3 レジスタ ………………………………………… 6
  - 1.3.4 命令セット ……………………………………… 7
- 1.4 メモリの機能 …………………………………………… 7
- 1.5 マイコンシステムの構成 ……………………………… 8
- 1.6 H8マイコンについて ………………………………… 10

2. H8マイコンの基礎 —————————— *11*

- 2.1 ハードウェア構成 …………………………………… 11
- 2.2 H8/300H CPU ………………………………………… 14
  - 2.2.1 レジスタ構成 …………………………………… 14
  - 2.2.2 データ構成 ……………………………………… 16
  - 2.2.3 動作モード ……………………………………… 17
  - 2.2.4 命令の形式 ……………………………………… 18
- 2.3 メモリの構成 ………………………………………… 19
- 2.4 周辺機器 ……………………………………………… 20
  - 2.4.1 汎用入出力ポート ……………………………… 20
  - 2.4.2 タイマ …………………………………………… 23

2.4.3 シリアルコミュニケーションインタフェース ……………… 24
2.4.4 A/D変換器 ………………………………………………… 24

3. H8マイコンの開発環境 ——————————— *26*

3.1 マイコン開発に使う機器 ……………………………………… 26
3.2 実験ボードのハードウェア …………………………………… 28
 3.2.1 74シリーズIC ………………………………………… 29
 3.2.2 LEDの表示回路 ……………………………………… 30
 3.2.3 スイッチ入力回路 …………………………………… 32
 3.2.4 RS232Cインタフェース ……………………………… 32
 3.2.5 実験ボードの回路 …………………………………… 34
3.3 実験ボードの製作 ……………………………………………… 37
 3.3.1 プリント基板 ………………………………………… 38
 3.3.2 工具 …………………………………………………… 38
 3.3.3 線材 …………………………………………………… 39
 3.3.4 ハンダ付け …………………………………………… 39
 3.3.5 AKI-H8/3664マイコンモジュール ………………… 41
 3.3.6 電源回路 ……………………………………………… 42
 3.3.7 配線のチェック ……………………………………… 43
3.4 H8マイコンのプログラム開発 ………………………………… 43
 3.4.1 アセンブリ言語とアセンブラ ……………………… 43
 3.4.2 プログラム開発の進め方 …………………………… 44
 3.4.3 開発用ソフトの準備 ………………………………… 45
 3.4.4 H8マイコンプログラムの実行 ……………………… 51
3.5 コマンドによるパソコンの操作 ……………………………… 56
 3.5.1 Windowsのファイル管理 …………………………… 56
 3.5.2 ファイルの指定 ……………………………………… 57
 3.5.3 ファイルやディレクトリの操作コマンド ………… 58

3.5.4　アセンブルコマンド ……………………………… 60
3. 6　モニタによるプログラムの実行 ………………………………… 61
　　　3.6.1　モニタとは ……………………………………… 61
　　　3.6.2　モニタを使ったプログラムの実行 ……………… 62
　　　3.6.3　ユーザが使用できるRAM領域 ………………… 64
　　　3.6.4　モニタのコマンド ……………………………… 64

4. アセンブラプログラミング ─────── 67

4. 1　命令とアドレス指定 ……………………………………………… 67
　　　4.1.1　命令のかたち …………………………………… 68
　　　4.1.2　アドレス指定 …………………………………… 69
　　　4.1.3　命令の種類 ……………………………………… 73
4. 2　演算命令 …………………………………………………………… 74
　　　4.2.1　演算命令の動作 ………………………………… 74
　　　4.2.2　数の表現 ………………………………………… 75
　　　4.2.3　算術演算 ………………………………………… 78
　　　4.2.4　論理演算 ………………………………………… 82
4. 3　アセンブラプログラムのかたち ………………………………… 84
　　　4.3.1　コーディングのしかた ………………………… 86
　　　4.3.2　プログラムの構成 ……………………………… 87
　　　4.3.3　プログラムの実行と動作確認 ………………… 89
　　　4.3.4　定数定義と領域定義 …………………………… 91
4. 4　分岐処理のプログラム …………………………………………… 94
　　　4.4.1　分岐処理と分岐命令 …………………………… 95
　　　4.4.2　分岐命令とCCR ………………………………… 96
　　　4.4.3　ブランチとジャンプ …………………………… 97
4. 5　繰り返し処理のプログラム ……………………………………… 99
　　　4.5.1　繰り返しのかたち ……………………………… 99

	4.5.2	カウント	99
	4.5.3	繰り返し処理と配列	101
4. 6	入出力ポートを操作するプログラム		103
	4.6.1	ポートからの入出力	104
	4.6.2	ビット操作命令	106
	4.6.3	シフト・ローテート命令	108
4. 7	サブルーチン構成のプログラム		110
	4.7.1	サブルーチン	111
	4.7.2	スタック	113
	4.7.3	サブルーチンの呼び出しと復帰	114
	4.7.4	レジスタの退避と復元	115

5. モータの駆動と制御 — *117*

5. 1	スイッチ回路とスイッチ素子		117
	5.1.1	パワートランジスタ	118
	5.1.2	パワー MOSFET	120
	5.1.3	リレー	121
5. 2	トランジスタによるスイッチ回路の設計		122
	5.2.1	デジタル IC のドライブ能力	122
	5.2.2	トランジスタの静特性	124
	5.2.3	トランジスタによるスイッチ回路の計算	126
	5.2.4	トランジスタの選び方	128
	5.2.5	サージ電流対策	130
5. 3	DC モータ		131
	5.3.1	DC モータの構造	131
	5.3.2	DC モータの電気的特性	133
	5.3.3	DC モータのマイコン制御	134
	5.3.4	ブリッジ駆動回路	135

5.3.5　DCモータの速度制御 ………………………………… 136
5.4　ステッピングモータ ……………………………………………… 137
　　　5.4.1　ステッピングモータの原理 ………………………………… 137
　　　5.4.2　ステッピングモータの励磁方式 …………………………… 139
　　　5.4.3　ステッピングモータのマイコン制御 ……………………… 141

6.　センサからの入力 ——————————— *145*

6.1　センサとは ……………………………………………………… 145
6.2　接触センサ ……………………………………………………… 146
　　　6.2.1　マイクロスイッチ …………………………………………… 146
　　　6.2.2　スイッチとマイコンの接続 ………………………………… 147
　　　6.2.3　リードスイッチ ……………………………………………… 148
6.3　光電スイッチ …………………………………………………… 148
　　　6.3.1　受光素子 ……………………………………………………… 149
　　　6.3.2　発光素子 ……………………………………………………… 151
　　　6.3.3　フォトトランジスタの使い方 ……………………………… 153
　　　6.3.4　フォトインタラプタ ………………………………………… 154
　　　6.3.5　フォトインタラプタからのマイコン入力 ………………… 155

7.　H8マイコンロボットの製作 ——————— *158*

7.1　ライントレースロボットとは …………………………………… 158
　　　7.1.1　ライントレースロボットの構成 …………………………… 159
　　　7.1.2　ライントレースロボットのプログラム …………………… 160
　　　7.1.3　ライントレースロボットのバリエーション ……………… 161
7.2　ロボットの設計と製作 …………………………………………… 162
　　　7.2.1　どんなロボットをつくるのか ……………………………… 162
　　　7.2.2　ロボットのメカについて …………………………………… 162

	7.2.3	電源について …………………………………………	163
	7.2.4	シャーシの設計と製作 ………………………………	165
	7.2.5	ロボットの電子回路 …………………………………	167
7.3	動作テスト ……………………………………………………		173
7.4	ライントレースロボットのプログラム ………………………		175
	7.4.1	直進のプログラム ……………………………………	175
	7.4.2	センサを感知し停止するプログラム ………………	178
	7.4.3	2つセンサのライントレースプログラム …………	181
	7.4.3	6つセンサのライントレースプログラム …………	184
7.5	プログラムのROM化 …………………………………………		192
	7.5.1	プログラムとセクション ……………………………	192
	7.5.2	実行命令の配置とプログラムの実行開始 …………	193
	7.5.3	変数領域の配置 ………………………………………	194

参考文献 — *195*

付録 — *197*

索引 — *209*

1. 組込みマイコンとH8

現在，身の回りのいろいろな機器に，マイコンが組み込まれています。エアコン，冷蔵庫，炊飯器，電話器，カメラ，ビデオ，玩具，産業用ロボット，自動車など，ほとんどの機器にマイコンが内蔵されています。このような用途のマイコンを，組込みマイコンと呼びます。

コンピュータは，本来，科学技術の研究や，事務や経理の仕事を助けるために，自動計算機として発明されましたが，組込みマイコンは，機器の一部となって，機器をコントロール(制御)する働きをします。ここでは組込みマイコンの概要を解説します。

1.1　マイコンの動作原理

マイコンといっても立派なコンピュータなので，その動作原理は他のコンピュータと同じです。

マイコンがコンピュータとして動作するために，最低限必要な**ユニット**(unit：装置)が，**CPU**(central processing unit：中央処理装置)と**主記憶装置**(main memory unitまたはmain storage unit)です。マイコンでは主記憶装置のことを単に**メモリ**といいます。マイコンシステムは，図1.1のようにCPUとメモリを**バス**(bus：通信線)でつないだ構成をしています。

図1.1　マイコンの基本構成

CPUとメモリは，次の働きをします。

- CPU：メモリから1つずつ命令を読み取って，解釈し実行する。
- メモリ：プログラムやデータの貯蔵庫。

マイコンの動作のしくみは単純です。利用者は，マイコンにさせたい処理を，CPUが理解できる命令を並べ，プログラムとして，あらかじめメモリにセットします。マイコンに電源が入ると，CPUは先頭の命令を読み取り，その命令を実行します。1つの命令が終わると次の命令へ，また1つの命令が終わると次の命令へと，逐次，命令を読み取り実行していきます。

このようなコンピュータの動作原理には，2つの特徴があります。

- **プログラム内蔵方式**：コンピュータの処理内容は，プログラムというかたちで，あらかじめメモリに記録されている。
- **逐次実行方式**：プログラムの実行は，メモリに置かれている命令を，1つずつ読み取り実行するサイクルの繰り返し。

1.2　マイコンと2進数

コンピュータをつくる電子回路は，**デジタル回路**と呼ばれるもので，電圧が「高い (High)」か「低い (Low)」かの，2つの状態の組み合わせで動作しています。この2つの状態を，数字の1と0に割り当て，数の形式にすると**2進数**になります。コンピュータは2進数で動いているといった表現は，ここから生じています。

コンピュータは2進数で動作しているので，コンピュータの中のプログラムやデータは，すべて2進数で表されます。我々が扱う数値や文字など情報は，すべて2進数に**符号化**されて，コンピュータで処理ができるようになります（図1.2）。

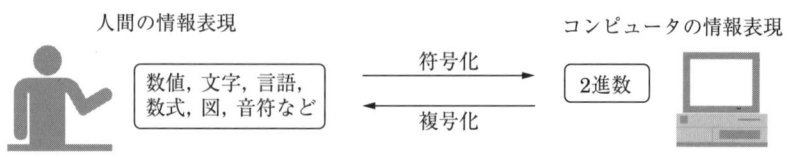

図1.2　人間とコンピュータの情報表現

1.3 CPUの機能

CPUはマイコンシステムの中心となるユニットです．現在では，多数のメーカがCPUを製造し，多くの種類のCPUが存在しています．CPUの選択によって，そのコンピュータシステムの個性が決まるので，目的にあったCPUを処理能力，コスト，消費電力，使いやすさなどから総合的に検討して選ぶ必要があります．

1.3.1 CPUの基本動作

図1.3は，あるコンピュータのモデルです．メモリは駅のコインロッカーのように，同じ大きさ（図では8ビット）の箱がいくつも並んだかたちをしています．箱の横の2進数は**アドレス**（address：**番地**）でメモリ内の場所を表します．いまメモリにはプログラム（命令コードの並び）が記憶されています．

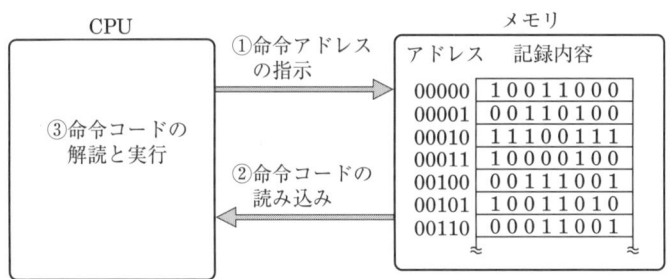

図1.3 CPUの基本動作

1つの命令は，
① 実行する命令のアドレスを出力する．
② その番地の記録内容（命令コード）を読み取る．
③ それを解読し実行する．
の順番で処理されます．③のステップはCPUの内部構造や命令の種類に応じて，何段階かのステップに分かれます．

1.3.2 CPUの信号線

CPUはいくつかの種類の信号線をもっています（図1.4）。CPUが動作するための基本パルスを入力するクロック，CPUが相手を特定するためのアドレスバス，CPUから相手へ，相手からCPUへデータを伝送するためのデータバス，データの入力か出力か，アドレスやデータをどのタイミングで伝えるか，といった通信制御をするための信号，CPUを初期状態とするリセット信号，外部から割り込み処理を要求するための信号などがあります。

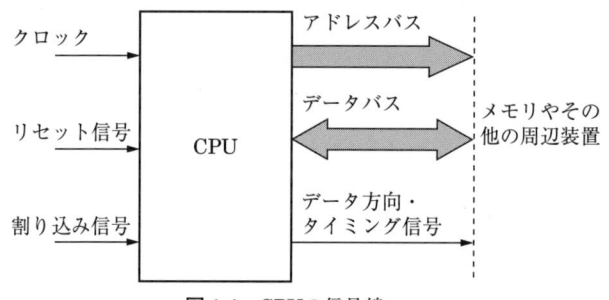

図1.4　CPUの信号線

(1) クロック

CPUは**クロック**（clock）と呼ばれるパルス信号に同期して動作します。CPUは非常に高速に動作しますが，その動作速度はクロックの周波数に依存します。例えば平均5つのパルスで1つの命令を処理するCPUがあるとします。そのCPUに与えるクロックの周波数を10MHzとすると，1つの命令に要する時間は，

$$\frac{5〔パルス〕}{10 \times 10^6 〔Hz〕} = 0.5 \times 10^{-6} 〔秒〕$$

で，これは1秒間に200万の命令を処理していることになります。CPUは，我々の想像を越えた速度で動作しています。

(2) アドレスバス

アドレスバス（address bus）は，CPUがメモリや周辺装置とデータをやり取り

するときに，相手のアドレスを出力する，複数ビットの通信線です。

アドレスバスの幅は，CPUが直接指定できるメモリの大きさ(**メモリ空間**と呼びます)を示しています。つまり，アドレスバスの幅が大きいほど，大きいプログラムが動作可能となります。

表1.1 アドレスバスの幅とメモリ空間

アドレスバスの幅	メモリ空間(番地)
16ビットアドレス	最大65,536(2^{16})番地≒64K番地
20ビットアドレス	最大1,048,576(2^{20})番地≒1M番地
24ビットアドレス	最大16,777,216(2^{24})番地≒16M番地
32ビットアドレス	最大4,294,967,296(2^{32})番地≒4G番地

(3) データバス

データバス(data bus)は，メモリや周辺装置と，データをやり取りするための複数ビットの通信線です。

データバスの幅は，CPUの処理の基本単位です。よく，8ビットCPUや16ビットCPUなどといいますが，これらの言葉はデータバスの幅をいいます。データバスの幅が大きいほど，CPUの処理能力は高くなります。制御用マイコンは4ビットCPUから32ビットCPU(さらに高性能な64ビットCPU)まで様々なものがあります。

表1.2 制御用CPUの種類と用途

CPUの種類	主な用途
4ビットCPU	小型，低コスト，低消費電力，単純な制御
8ビット・16ビットCPU	中間的な制御（汎用）
32ビットCPU	高性能，高機能，複雑な制御

(4) データ方向・タイミング信号

データ方向とは，CPUがデータバスを通じて，相手からデータを受け取る(リード：read)のか，相手へデータを渡す(ライト：write)のかを示す信号です。

図1.5はCPUのリードタイミングを表したものです。$\overline{\text{AS}}$(address strobe)信号はアドレスが確定されるタイミングを示し，0レベルのときに，アドレスが有効になります。$\overline{\text{RD}}$(read)信号は，CPUが相手からデータを受け取るタイミン

グを示し，0レベルのときに，CPUはデータを入力します。

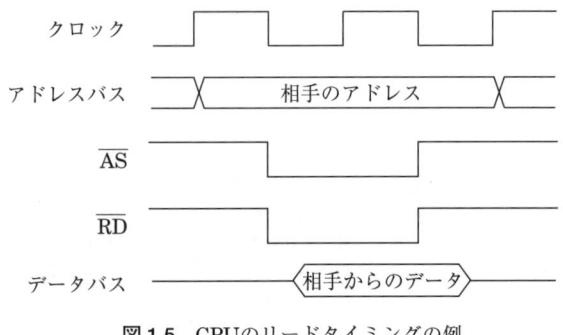

図1.5 CPUのリードタイミングの例

(5) リセット信号

リセット(reset)は，CPUを初期状態にする信号です。リセットが入力されると，CPUは実行中の命令を中断し，再び電源が投入されたときの状態になります。

(6) 割り込み信号

割り込み(interrupt)は，マイコン制御においてとても重要です。**マルチタスク**(2つ以上のプログラムを同時に実行する仕組み)などの技術は，割り込みの応用です。

割り込み信号が入力されると，プログラムの実行を中断し，割り込みに応じたプログラムの実行が開始されます。割り込みプログラムが終了すると，中断していたプログラムが再開されます。

1.3.3　レジスタ

CPUの働きの1つに，加算や減算などの計算をする演算機能があります。マイコンシステムの中で，データの演算は，CPU内の演算機能をもった**レジスタ**(register)が行います。

レジスタとは一時記憶装置のことですが，CPUには表1.3のように，様々な機能のレジスタがあります。

CPUによって，レジスタの数や大きさは異なりますが，コンピュータのほと

表1.3 CPUの各種レジスタ

機　能	働　き
アキュムレータ	演算に使う。
アドレスレジスタ・インデックスレジスタ	アドレス計算に用いる。
プログラムカウンタ	実行する命令のアドレス指定をする。
スタックポインタ	スタックアドレスを指定する。
ステータスレジスタ	CPUの状態や，演算結果の符号などを保持する。
汎用レジスタ	いくつかの機能を，1つのレジスタで併せもち，複数の用途に使える。

んどの処理はレジスタを介して実行されるため，レジスタの数が多く，大きいほどCPUは使いやすくなります。

1.3.4　命令セット

CPUが理解できる命令群を，**命令セット**と呼びます。表1.4に主な命令の種類を挙げます。

表1.4　命令の分類

分　類	働　き
転送命令	メモリやレジスタのデータを転送する。
算術演算命令	加算，減算，比較などの算術演算をする。
論理演算	論理和，論理積などの論理演算をする。
シフト命令	シフト演算をする。
ビット操作命令	ビットごとの処理をする。
分岐命令	プログラムの処理の流れを変える。
システム制御命令	割り込み制御や，CPUの停止などをする。

1.4　メモリの機能

マイコンシステムの中で，**メモリ**はプログラムやデータを記録する，とても重要なユニットです。メモリは大きく **ROM**(read only memory) と **RAM**(random access memory) に分けることができます。

- ROM：読み出し専用メモリのことで，電源を切ってもその内容は消えない。

● RAM：読み書き可能なメモリで，電源を切るとその内容は消滅する。

図1.6はメモリの内部構成を表したものです。メモリの中心部分は，情報を蓄えるメモリアレイです。メモリアレイは同じ大きさ（図では8ビット）のメモリセルの集まりです。メモリはアドレスバスの情報により，1つのメモリセルを選択し，そのメモリセルの内容をデータバスへ出力したり，データバスの情報をメモリセルに記憶します。

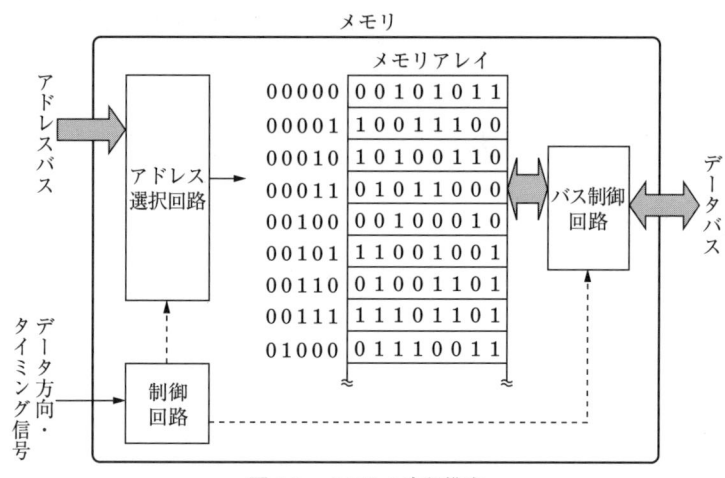

図1.6　メモリの内部構成

現在，多くのコンピュータで，データをバイト（8ビット）単位で扱います。そして，メモリの番地はバイト単位に割り振られます。

1.5　マイコンシステムの構成

マイコンが目的の働きをするためには，CPUやメモリの他に，各種のユニットが必要です。マイコンシステムは，図1.7のように，各種ユニットを共通バスでつないだ構成をしています。バス構成をとることで，必要な機能を簡単に追加，変更できます。

マイコンシステムを構成するユニットには，表1.5のようなものがあります。

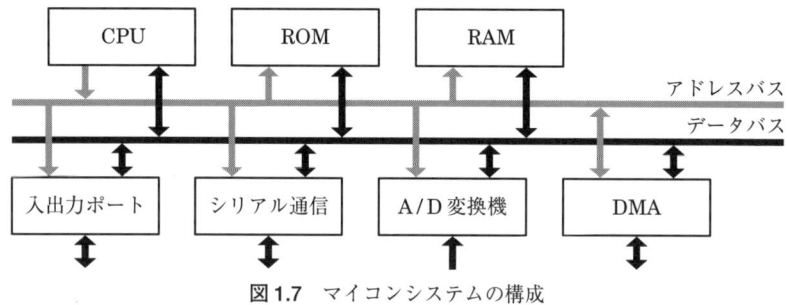

図1.7 マイコンシステムの構成

これらのユニットはLSIとして様々な種類のものが製造・販売されています。利用者は，必要な機能をもったLSIを用意し，バス接続することで，簡単にマイコンシステムを構築することが可能です。

表1.5 マイコンシステムの各種ユニット

名 称	働 き
CPU	制御用マイコンの中心部で，プログラムを実行する。
ROM	読み取り専用メモリで，電源を切ってもその内容は消えない。制御用マイコンでは，プログラムやデータの初期値・定数を置く。
RAM	読み書き可能なメモリで，電源を切るとその内容が消滅する。制御用マイコンでは，変数などの作業領域を置く。
入出力ポート	数ビットの入出力を行う。パラレルポートなどともいう。
シリアル通信ポート	シリアル通信を行う。
A/D変換器	アナログ信号を，デジタルデータに変換し入力する。
D/A変換器	デジタルデータを，アナログ信号として出力する。
タイマ・カウンタ	パルスを数え，時間の計測などをする。
パルスジェネレータ	パルスを出力する。
DMAコントローラ	CPUを介さず，データを高速転送する。
割り込みコントローラ	割り込み処理を制御する。

組込みマイコンの場合，構成回路を小さくしたり，部品のコストを低くしたり，消費電力を小さくするなどの必要があります。そのため，CPUやメモリ，入出力ポートなど，マイコンシステムに必要な機能を，1つのLSIチップに内蔵したワンチップマイコン（1chip micro-computerまたはsingle-chip micro-computer）が用いられます。ワンチップマイコンを使用すれば，少ない回路で制御システムを構築することができます。

1.6 H8マイコンについて

　H8マイコンは，日立製作所（現ルネサステクノロジ）が開発・製造しているワンチップマイコンです。H8マイコンは，多くの製品に組み込まれて利用されていますが，趣味でマイコンを使うときにも，とても便利なマイコンです。

　H8マイコンといっても様々な機能をもったものがあり，用途に応じてシリーズ化されています（表1.6）。利用者は，H8シリーズの中から自分の目的に合ったものを選ぶことができます。

表1.6　H8シリーズの種類（2003年現在）

シリーズ名	特　徴	主な応用
H8S/2000	H8シリーズ最上位の，高性能，高速度な16ビットマイコン	プリンタ，DVD，ノートPC，VTR，カメラ，PC周辺機器，カーオーディオ
H8/300H	H8シリーズの中心的な位置付けの16ビットマイコン	DVD，プリンタ，FAX，CD-ROM，ムービー，カメラ，携帯電話
H8/300	H8シリーズの小型8ビットマイコン	PCキーボード，FAX，電子楽器，自動車，ICカード
H8/300L	H8/300の発展型。消費電力が低く1.8Vで動作するものもある。	AV機器，テレビ，エアコン，洗濯機，コードレス電話
H8/500	リアルタイム制御向きの16ビットマイコン	自動車エンジン制御，自動車電装品，計測機器，FA，ロボット

　H8マイコンの種類は，とても豊富です。興味のある方はルネサステクノロジのホームページを見て下さい。あまりの種類の多さに，筆者も驚きました。

　本書では数あるH8マイコンの中から，H8/3664Fを選んで活用していきます。H8/3664FはH8/300H Tinyシリーズのワンチップマイコンで，シリーズの中では小型のものです。しかし，一般的な制御を行うには十分な機能をもち，取り扱いが簡単で価格も比較的安いので，マイコン入門に最適です。

2.

H8マイコンの基礎

　本章では，H8マイコンのハードウェアとその機能を紹介します。H8マイコンは，1つのチップに多くの機能が組み込まれていますが，そのハードウェアはスッキリと設計されているので，ここでの知識は他のマイコンにも応用できます。
　ここで扱うH8マイコンは，H8/3664Fです。H8シリーズはともに互換性があるので，他のH8マイコンチップも同様に扱えます。

2.1　ハードウェア構成

　図2.1はH8/3664Fチップを上から見たものです。H8/3664Fには，64ピンパッケージ，48ピンパッケージ，42ピンパージの種類があります。図2.1は64ピンパッケージのもので，各ピンの間隔は0.5mm，チップの大きさは1cm × 1cmで，とても小さいLSIチップです。
　図2.2は内部の構成図で，H8/3664Fには，CPU，メモリ，各種周辺装置といった，制御用マイコンとして必要な機能が内蔵されています。H8/3664Fチップの機能は豊富なので，このチップ1つで幅広い応用ができます。

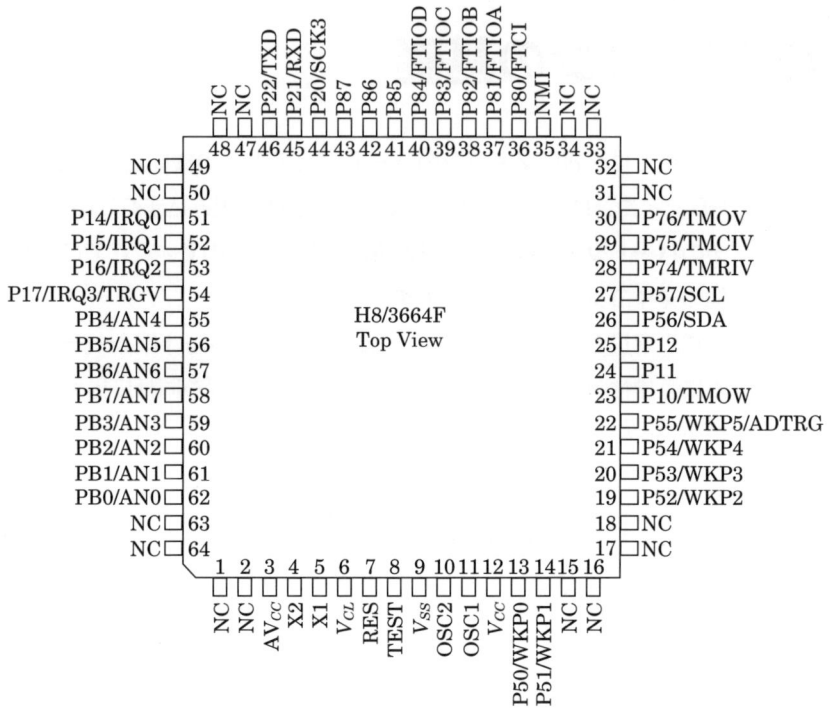

【注】NCには何も接続しないでください（内部は接続されていません）。

図 2.1　H8/3664F のピン配置

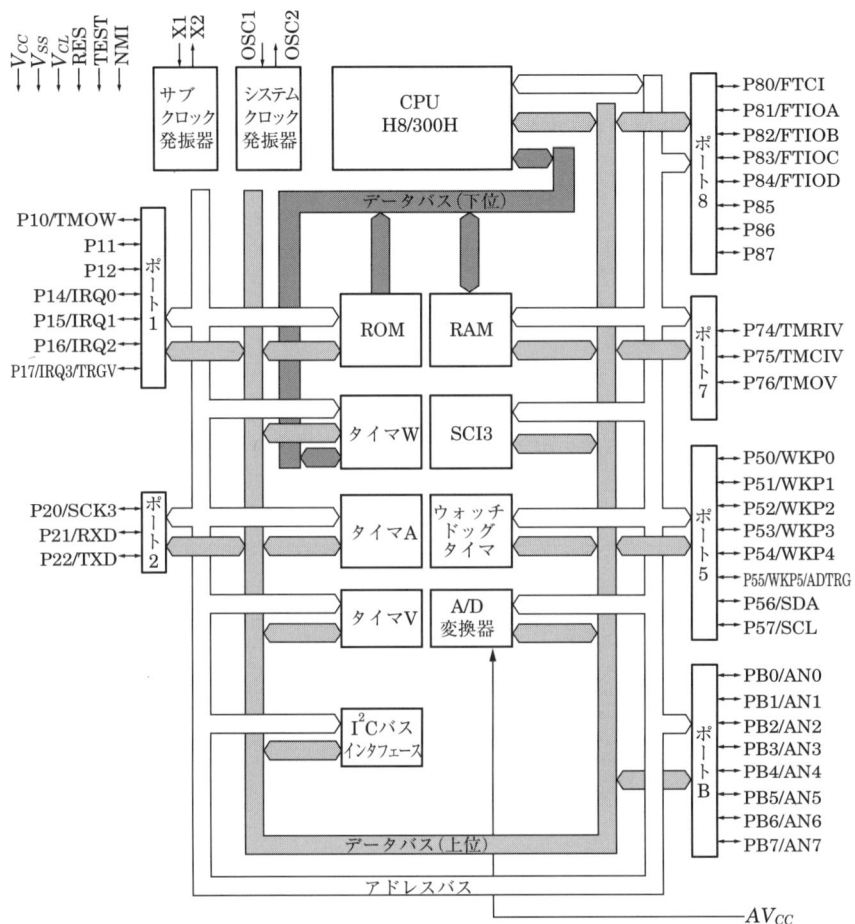

図 2.2　H8/3664Fの内部構成

2.1　ハードウェア構成　13

2.2　H8/300H CPU

H8/300HシリーズにはH8/300H CPUと呼ばれるCPUが内蔵されています。H8マイコンは，シリーズ全体を通じて命令の互換性があるように作られています。つまりH8シリーズのプログラムは共通に使うことができます。このような互換性はソフトウェアの資産活用に大切です。

2.2.1　レジスタ構成

H8/300H CPUは，32ビット長の汎用レジスタを8本，24ビットのプログラムカウンタ，8ビットのコンディションコードレジスタをもっています（図2.3）。

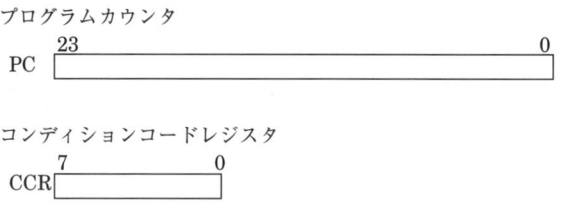

図 2.3　H8/300H CPUのレジスタ構成

(1)　汎用レジスタ

H8/300H CPUは，8本の32ビット長の**汎用レジスタER**（ER0〜ER7）をもっています。これらの汎用レジスタは，同等にアキュムレータ，インデックスレジスタ，アドレスレジスタなどの機能をもっています。ただし，ER7だけはス

タックポインタとしての機能をもっています。

　汎用レジスタは分割して，16ビットレジスタや8ビットレジスタとして使うこともできます（図2.4）。16ビットレジスタとしては，汎用レジスタR（R0～R7）と汎用レジスタE（E0～E7）とが使用でき，それぞれ同等の機能をもっています。8ビットレジスタとしては，汎用レジスタRL（R0L～R7L）と汎用レジスタRH（R0H～R7H）が使用でき，それぞれ同等の機能をもっています。

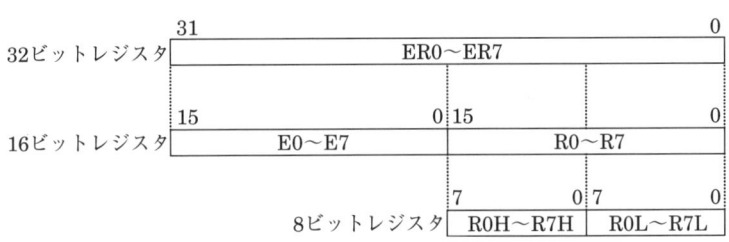

図2.4　汎用レジスタの形式

(2) プログラムカウンタ

　プログラムカウンタPC（program counter）は，CPUが次に実行する命令のアドレスを示しています。H8/300H CPUは16ビットCPUなので，命令は必ず偶数アドレスより格納されます。したがって，プログラムカウンタの最下位ビットは，常に0です。

　プログラムカウンタの大きさは24ビットで，16Mバイトのアドレス空間を構成します。

(3) コンディションコードレジスタ

　コンディションコードレジスタCCR（condition code register）は，CPUの内部状態を示しています（図2.5）。汎用レジスタの処理の結果，次の状態がセットされます。

　● **キャリビット**：加算などで，最上位ビットの**キャリ**（carry：桁上がり）があるときや，減算などで，最上位ビットの**ボロー**（borrow：借り）が生じたとき，1になります。

　● **オーバフローフラグ**：演算の結果，汎用レジスタが扱うことができる数値の

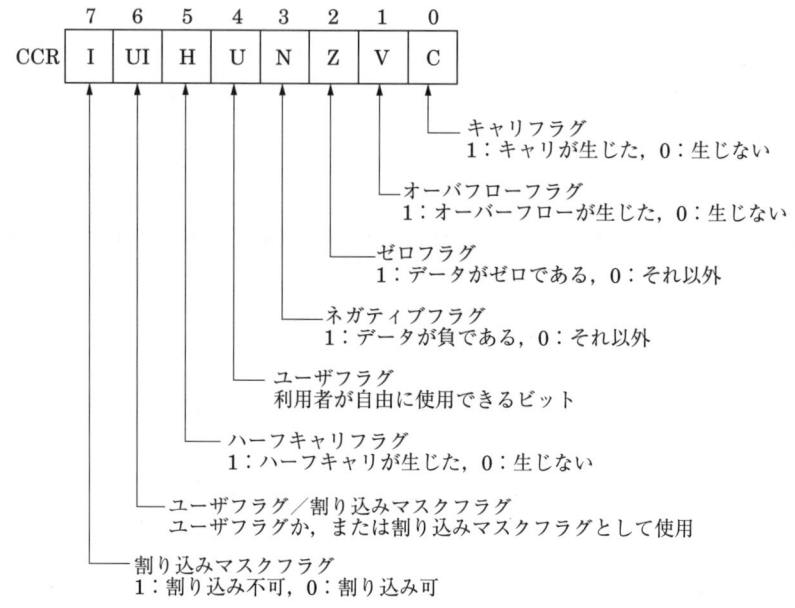

図 2.5 コンディションコードレジスタの働き

範囲を越え(overflow), 正しい答えが得られないとき, 1 になります.
- ゼロフラグ：値がゼロ(zero)になると 1 になります.
- ネガティブフラグ：値が負数(negative)になると 1 になります. 最上位ビットがセットされます.
- ハーフキャリフラグ：ハーフキャリ(half carry)フラグは, 主に加算や減算の結果を 10 進数(BCD)に補正するときに用います.
- 割り込みマスクビット：割り込みマスクは, 割り込みを許可するか禁止するかを示します. このビットが 0 のときに, 割り込みが可能になります(ただし, NMI：non-maskable interrupt は関係なく受け付ける). 割り込み処理が開始されると, このビットは 1 になります.

2.2.2 データ構成

メモリの番地は, バイト単位に割り振られます. メモリ上の**ワードデータ**

（word data：16ビット）や**ロングワードデータ**(long word data：32ビット)は，2つの番地や4つの番地に記憶されます（図2.6）。例えば，ワードデータ0001 0010 0011 0100（2進数）を2000番地（16進数）に記憶するときには，上位の8ビットを2000番地（16進数）に，下位の8ビットを2001番地（16進数）に記憶します。ロングワードデータも同様で，上位の8ビットから順に番地に記憶します。

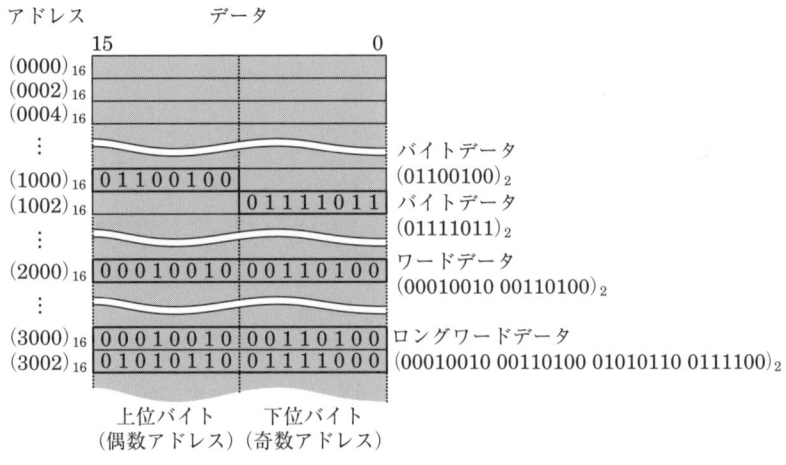

図 2.6　メモリ上のデータ

H8/300H CPUは16ビットCPUなので，基本的に16ビット単位でメモリにアクセスします。CPUが効率よくデータをアクセスするために，ワードデータとロングワードデータは，必ず偶数番地より記憶することになっています。H8/300H CPUが，バイトデータをアクセスするときには，データバスを上位8ビットと下位8ビットに分割しています。

2.2.3　動作モード

H8/300H CPUには，**ノーマルモード**と**アドバンストモード**の，2つの動作モードがあります。この動作モードは，該当するH8マイコンチップにより設定されていて，H8/3664Fはノーマルモードで動作します。

ノーマルモードとアドバンストモードでは，アクセスできるアドレス空間や，

スタックなどのアドレスの扱いが異なります。H8/300H CPUには，H8/300 CPU（下位のH8/300シリーズに搭載されている8ビットCPU）に，32ビット演算などの機能が追加されています。H8/300H CPUのノーマルモードは，H8/300 CPUと同じ16ビットのアドレス空間をサポートし，アドバンストモードは拡張された24ビットのアドレス空間をサポートします。

ノーマルモードでは，H8/300H CPUに拡張された命令の機能はすべて使用できますが，アドレスは下位16ビットのみが使われます。

2.2.4 命令の形式

MOV命令を例に，H8/300H CPUの命令について説明します。表2.1のMOV命令は，レジスタR0の内容を，レジスタER1が示すメモリの番地へ転送します。

表 2.1 MOV命令の例

命令の表記	働き	ビットパターン
MOV.W R0, @ER1 （ニーモニック／サイズ／ソース／デスティネーション）	R0→(ER1)	0110100 1 001 0000 オペレーション／デスティネーション／ソース

命令は，操作記号の**ニーモニック**（mnemonic），データの**サイズ**，データの転送元を示す**ソース**（source），転送先を示す**デスティネーション**（destination）で表されます。サイズにはB（バイト），W（ワード），L（ロングワード）が指定できます。ソースやデスティネーションには，レジスタ，メモリの番地，データの値などを指定します。

命令は表のビットパターンのように，2進数に符号化されてCPUが直接理解できるようになります。

2.3 メモリの構成

H8/3664Fは，32KバイトのROMと2KバイトのRAMを搭載しています。

H8/3664FのROMは，**フラッシュメモリ**と呼ばれるタイプのもので，電気的に何度も内容を書き換えることができます（マニュアルでは1000回とされています）。応用システムを試作するするときに，ROMの内容を自由に書き換えられることは，とても便利です。

図2.7は，H8/3664Fのメモリマップです。メモリの先頭にある**割り込みベクタ**は，マイコンがリセットしたり，割り込みやプログラム例外が発生したときに，開始されるプログラムの先頭アドレスが記憶されています。メモリの最後尾にある内蔵I/Oレジスタは，主にH8/3664Fに内蔵されている周辺装置の状態を示したり，その制御やデータの入出力を行うための各種レジスタが集められています。

図2.7　H8/3664Fのメモリマップ

2.4 周辺機能

H8/3664Fには，表2.2のような周辺機能があります．

表 2.2 H8/3664Fの周辺機能

機 能	特 徴
汎用入出力ポート	入出力29ビット，入力8ビット
タイマ	タイマA(時計用)，タイマV(8ビット)，タイマW(16ビット)
ウォッチドッグタイマ	(システム暴走などからの復帰用)
シリアルコミュニケーションインタフェース	シリアルデータ通信ポート×1
I^2Cバスインタフェース	I^2Cバスインタフェース×1
A/D変換機	分解能10ビット，8ビット入力

2.4.1 汎用入出力ポート

汎用入出力ポート(以下入出力ポート)は，数ビットのデータを並列に入出力します．そのためパラレルポートなどとも呼ばれます．

H8/3664Fの入出力ポートには，表2.3のように，5つの入出力ポートと1つの入力ポートがありますが，すべて他の周辺機能と入出力端子を兼ねています．これらの端子はリセット時に入力ポートとして設定されますが，レジスタの設定により他の機能として使用できます．

表 2.3 汎用入出力ポートの一覧

ポート	端 子	特 徴
ポート1	7ビット入出力	IRQ割り込み，タイマA，タイマVと端子兼用
ポート2	3ビット入出力	シリアルコミュニケーションインタフェースと端子兼用
ポート5	8ビット入出力	ウェイクアップ割り込み，I^2Cバスインタフェースなどと端子兼用
ポート7	3ビット入出力	タイマVと端子兼用
ポート8	8ビット入出力	タイマWと端子兼用
ポートB	8ビット入力	A/D変換機と端子兼用

ここでは，ポート1を例に，その使用方法を説明します。入出力ポートやその他の周辺機能の制御やデータの入出力は，メモリ上の内蔵I/Oレジスタでします。ポート1用に，表2.4のレジスタがありますが，他のポートにも同じ働きをするレジスタがあります。

表2.4 ポート1関連のレジスタ

レジスタ	名　称	初期値	アドレス
PMR1	ポートモードレジスタ1	0	FFE0
PCR1	ポートコントロールレジスタ1	0	FFE4
PDR1	ポートデータレジスタ1	0	FFD4
PUCR1	ポートプルアップコントロールレジスタ1	0	FFD0

(1) ポートモードレジスタ

端子を入出力ポートとして使うか，他の機能として使うかを選択するためのレジスタです。ポート1のモード設定は，PMR1(FFE0番地)でします。

PMR1では，図2.8のように，ポート1の端子の機能を切り替えます。

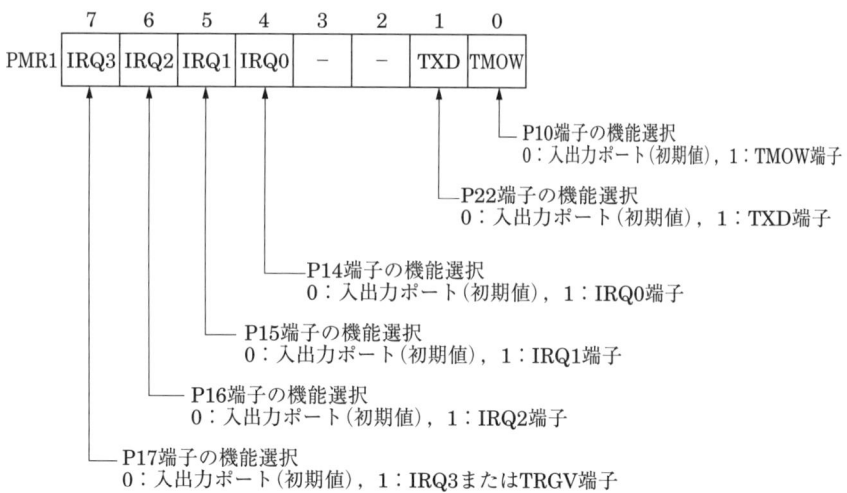

図2.8　PMR1：ポートモードレジスタ1の働き

(2) ポートコントロールレジスタ

ポートコントロールレジスタは，端子を入力として使うか，出力として使うか，ビットごとに設定します。ビットを0にするとその端子は入力端子になり，1にすると出力端子になります。ポートコントロールレジスタは書き込み専用です。ポート1の入出力設定は，PCR1（FFE4番地）でします（図2.9）。

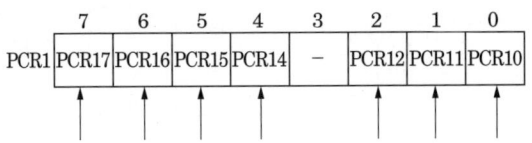

ポート端子（入出力ポートとして使用するとき）の入出力選択
0：入力（初期値），1：出力

図2.9　PCR1：ポートコントロールレジスタ1の働き

(3) ポートデータレジスタ

端子からデータの入出力を行うポートです。**ポートデータレジスタ**にデータを書き込むと，そのデータが保持され端子に出力されます。ポートデータレジスタを読み取ると，端子の状態を得られます。ポート1のデータの入出力は，PDR1（FFD4番地）でします（図2.10）。

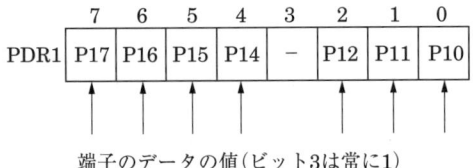

端子のデータの値（ビット3は常に1）

図2.10　PDR1：ポートデータレジスタ1の働き

(4) ポートプルアップコントロールレジスタ

各端子に内蔵したプルアップMOSFETをビットごとにON/OFFします。ポート1のプルアップMOSFETの制御は，PUCR1（FFD0番地）でします。PUCR1を1にセットすると，プルアップMOSFETをONします。

2.4.2 タイマ

タイマには，時間の計測，外部で起こったイベントのカウント，パルス信号の出力などの機能があります。H8/3664Fには特別な機能をもったタイマA，タイマV，タイマWがあります。

(1) タイマA

タイマAは一定周期ごとに割り込みを発生する，インターバルタイマの機能をもっています。リード可能な8ビットのアップカウンタ，TCA(タイマカウンタA：FFA7番地)がオーバフローすると割り込みが発生し，TCAは再び0からカウントアップを始めます。TCAのカウント値はリセット時に0に設定されるため，リセット直後の割り込みは起こりません。

タイマAはタイマ用クロックの入力として，システムクロック，または外部に接続した32.768kHzの水晶発振器によるクロックを選択できます。クロックに32.768kHzを選択すると，例えば1秒間隔で割り込みを発生することができるので，時計として利用できます。クロックの入力先の設定は，TMA(タイマモードレジスタA：FFA6番地)でします。

タイマAの割り込みは，IENR1(割り込みイネーブルレジスタ1：FFF4番地)のIENTA(タイマA割り込み要求イネーブル：ビット6)フラグが1のとき受け付けられます。

(2) タイマV

タイマVは，リード/ライト可能な8ビットのアップカウンタ，TCNTV(タイマカウンタV：FFA4番地)をベースにしたタイマです。TCNTVのカウント値は，TCORA，TCORB(タイムコンスタントレジスタA：FFA2番地，B：FFA3番地)と常に比較され，一致したときタイマをクリアするなどの設定ができます。その機能を使うと，任意のデューティ比のパルスを出力することができます。

TCNTVはまた，外部トリガ入力(TRGV端子)でカウントを開始する機能があります。この機能を使うと，外部トリガから任意時間経過後にパルスを出力する

ことができます。

(3) タイマW

タイマWは，リード／ライト可能な16ビットのアップカウンタ，TCNT（タイマカウンタ：FF86番地）をベースにしたタイマです。タイマWの機能は多く，最大4本のパルス入出力処理が可能です。4本のジェネラルレジスタと使うことで，最大3相の，任意のデューティ比のパルスを出力することができます。

2.4.3 シリアルコミュニケーションインタフェース

シリアル通信は，他のコンピュータや周辺機器との間でデータ通信をするときに多く利用されている通信方式です。

シリアル通信は，数ビットのデータを1ビットずつ時間単位で送るものですが，データ通信をするためには，送信側と受信側のタイミングを合わせる必要があります。また，ハードウェアでパリティエラーの検出などを行い，データ通信の信頼性を高めています。

H8/3664F内蔵のSCI3（シリアルコミュニケーションインタフェース3）は，調歩同期式（UART）とクロック同期式（ACIA）の2方式のデータ通信が可能です。

2.4.4 A/D変換器

A/D変換器は，アナログ電圧を測定して2進数に変換します。A/D変換器の入力端子に各種センサを接続することで，外界のアナログ量をマイコンで計測することができます。

H8/3664F内蔵のA/D変換器は，**逐次比較方式**によるものです。図2.11で，A/D変換器の制御回路は，外部から入力されるアナログ電圧と，内部のD/A変換器によって作られる電圧が等しくなるように，逐次比較レジスタの値を操作します。1つの変換速度は最小4.4マイクロ秒（システムクロックが16MHz時）の高速動作です。

変換データを扱うときは，16ビットのデータレジスタを読み取ります。しか

図 2.11　A/D変換器のしくみ

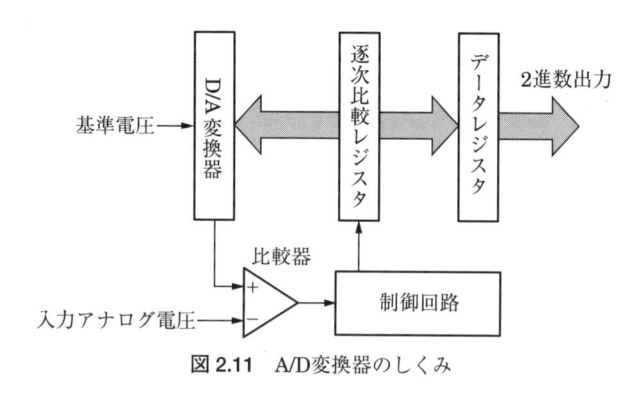

しH8/3664F内蔵のD/A変換器の分解能は10ビットなので，ビット15からビット6までが変換されたデータで，残りは0が入ります。

　H8/3664Fには，A/D変換器の入力端子として，AN0からAN7までの8本があります（これらの端子はポートBと兼用）。しかしA/D変換器は1機しか搭載していないので，8本の入力端子をアナログマルチプレクサ回路で順次切り換えて，1つずつ計測します。

3.

H8マイコンの開発環境

　この章では，H8マイコン開発のツールとして，実験ボードを製作します。ここでは，H8マイコンにプログラムをセットして，実際に動作させます。

　はじめてマイコンを使うとき，難しいのは，マイコンが裸のコンピュータであることです。パソコンならば，キーボードやマウス，ディスプレイなどのハードウェアや，オペレーティングシステムなどのソフトウェアが一通り用意されているので，電源を入れるだけできちんと動きます。ところが，マイコンを使うにはいろいろと準備が必要です。

3.1　マイコン開発に使う機器

　最初に，筆者のH8マイコン開発環境を紹介しましょう（写真3.1）。

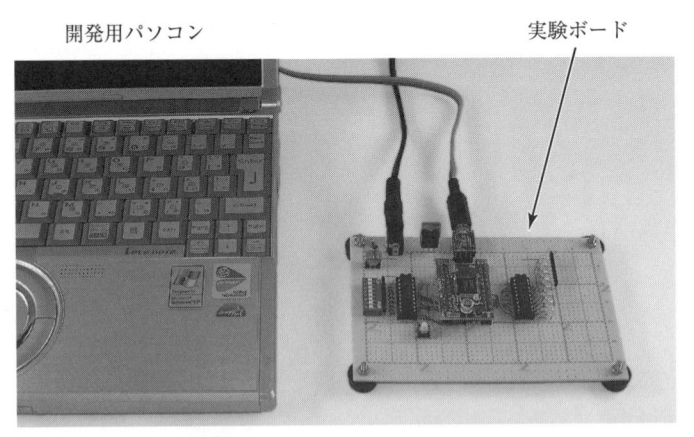

写真 3.1　筆者のマイコン開発環境

筆者のH8マイコン開発環境は，図3.1のように，パソコンとH8マイコンをシリアル通信でつないで，パソコンで作ったプログラムをH8マイコンに転送し実行するものです。

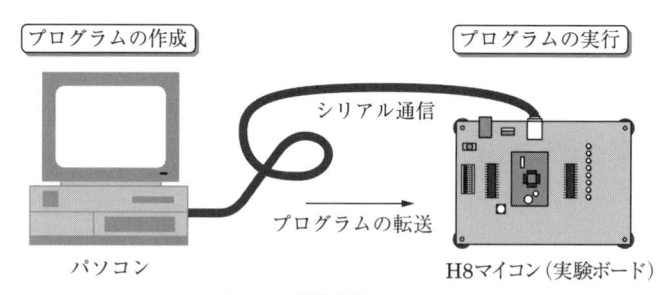

図 3.1　開発環境のモデル

以下に，開発に使う機器を説明します。

(1) 開発用パソコン

パソコンはマイコン開発の必需品です。本書では主に，H8マイコンのプログラムを開発するために使いますが，CADを使って電子回路やプリント基板を設計したり，シミュレータでプログラムの動作を事前に確認することもできます。また，インターネットにはマイコンに関する情報がたくさんあります。メーカのホームページには，ハードウェアやプログラミングのマニュアルもあるので，パソコンはマイコン情報ツールとしても大いに役立ちます。

本書で使用するパソコンは，開発ソフトウェア（後で紹介するもの）を動作するために，OSがWindows（Windows95以上）であること，また，実験ボードへプログラムを転送するために，シリアルポートが必要です。Windows95の今では古いパソコンでも十分に使えます。

(2) 実験ボード

実際にプログラムを動かし，その動作を確認します。この章で製作します。

(3) 接続ケーブル

シリアルケーブルでパソコンと実験ボードを接続します。市販のケーブルでもかまいませんが，筆者は自作しました。

(4) 実験ボード用電源

実験ボードを動かすための電源が必要です。電圧が8Vから12Vで，電流が500mAくらいのACアダプタでよいでしょう。

3.2　実験ボードのハードウェア

製作する実験ボードのハードウェアについて説明します。図3.2は，そのブロック図です。

```
         ┌─────────────────────────────────────┐
         │    AKI-H8/3664マイコンモジュール    │
┌────────┤                                      │
│LED表示部│←─ ポート8                            │
│(8ビット)│      H8/3664F                        │
└────────┤    マイコンチップ                    │
┌────────┤                      ┌──────┐        │
│スイッチ │                      │RS232C│   パソコン
│入力部   │←─ ポート5   SCI ←→│ドライバ/│←→(シリアル
│(8ビット)│                      │レシーバ│   ポート)
└────────┤                      └──────┘        │
         └─────────────────────────────────────┘
```

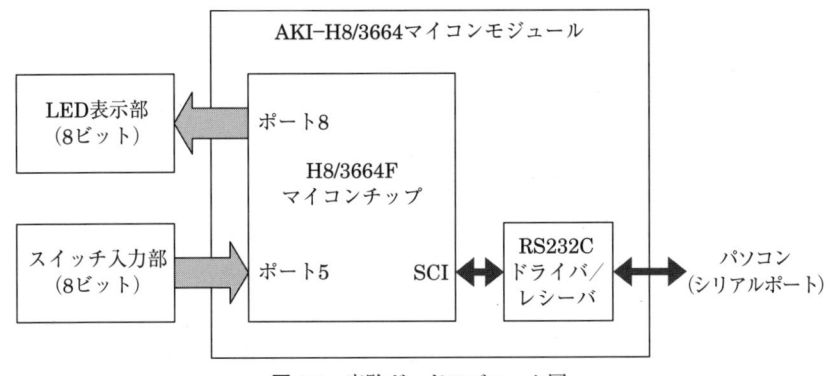

図 3.2　実験ボードのブロック図

実験ボードの中心部は，東京秋葉原の(株)秋月電子通商で販売されているAKI-H8/3664マイコンモジュールです。このマイコンモジュールには，H8/3664Fチップと，クロックやリセットなどの回路が搭載されています。このようなマイコンモジュールを使うと，個人でも簡単にマイコン応用機器の製作ができます。

AKI-H8/3664マイコンモジュールはキットで販売されていますが，細かい部品はあらかじめ基板にハンダ付けされていますので，個人でも簡単に作れます。このマイコンモジュールキットに，アセンブラ，Cコンパイラなどの開発ソフトがセットになったAKI-H8/3664マイコンモジュール開発セットが販売されているので，はじめはこちらを購入しましょう(本書では付属のアセンブラでプロ

グラム開発をします)。

　実験ボードには，外部からのデータの入出力のために，LED表示部とスイッチ入力部があります。LED表示部はH8/3664Fマイコンチップのポート8に，スイッチ入力部はH8/3664Fマイコンチップのポート5に接続します。

　実験ボードは，さらに，パソコンのシリアルポートと接続します。AKI-H8/3664マイコンモジュールには，RS232Cドライバ／レシーバが搭載されているので，このマイコンモジュールにコネクタを付けるだけで，パソコンと接続することができます。

3.2.1　74シリーズIC

　組込みマイコンシステムを製作するには，マイコンチップ以外に汎用デジタルICなどを必要とします。本章の実験ボードでは，**74シリーズ**と呼ばれるデジタルICを2個使います。

　74シリーズには，電気的な特性からいくつかの種類があります。最初に作られた74シリーズICは，内部の電子回路をトランジスタの組み合わせで構成した**TTL**(transistor-transistor logic)のもので，**スタンダード74シリーズ**と呼ばれます。その後，動作速度や消費電力などの改善がなされ，現時点では，**74LSシリーズ**，**74ALSシリーズ**に移行しています。

　74シリーズには，TTLの他に，**CMOS**(complementary metal oxied semi-conductor)の**74HCシリーズ**があります。CMOSは，**FET**(field effects transistor：電界効果トランジスタ)で構成されたデジタル素子で，TTLと比べて極めて少ない消費電力で動作します。実は，H8マイコンもCMOSで作られています。

　74シリーズICは図3.3のような外形をしています。これは，**DIP**(dual inline package)と呼ばれるもので，ピン番号はICの名称が読めるように上から見て，手前の左端が1番で，そこから時計と逆まわりに番号を付けていきます。各ピンの間隔は2.54mmです。

図 3.3　ICの外形（DIP）

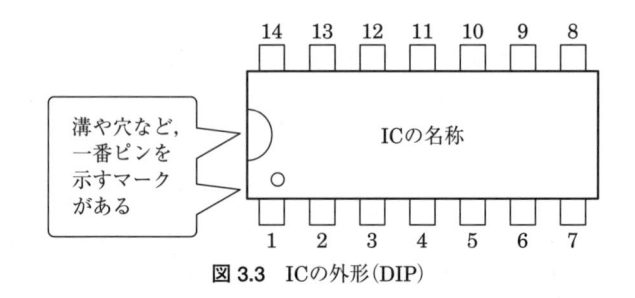

図 3.4 はよく使う 74 シリーズ IC です。74 シリーズ IC には他にもたくさんの種類があります。

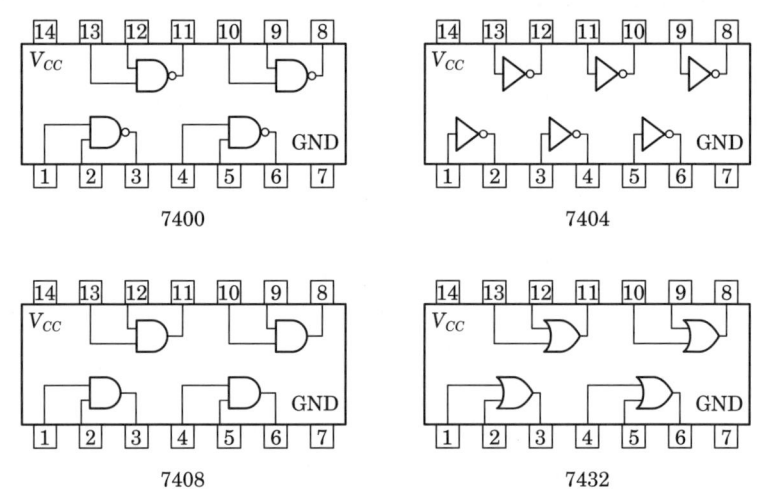

7400

7404

7408

7432

図 3.4　74 シリーズ IC の例

3.2.2　LED 表示回路

マイコンのポートから出力された信号を目で確認するために，**LED**（ligth emitting diode：発光ダイオード）を使います。ここで，マイコンが 1(High) を出力すると LED が光り，0(Low) を出力すると LED が消える回路を考えます。

LED は，**アノード**（anode：陽極）から**カソード**（cathode：陰極）に電流を流すと光を発するダイオードです（図 3.5）。

(a) 回路記号　　　　　　　　(b) パッケージ（一般例）

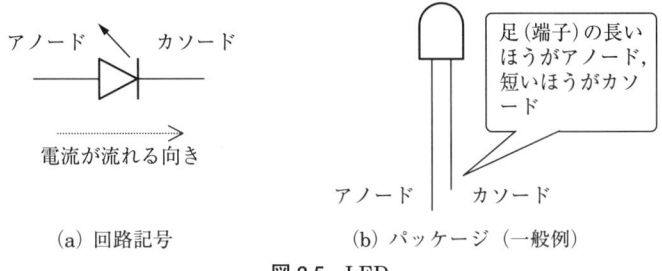

図 3.5　LED

　図 3.6 は **LED 表示回路** で，マイコンのポートから出力された信号は NOT 回路に入力され，NOT 回路が LED をドライブ（作動）します。また，LED に直列に抵抗 R をつないで，回路に電流が流れ過ぎないようにしています。

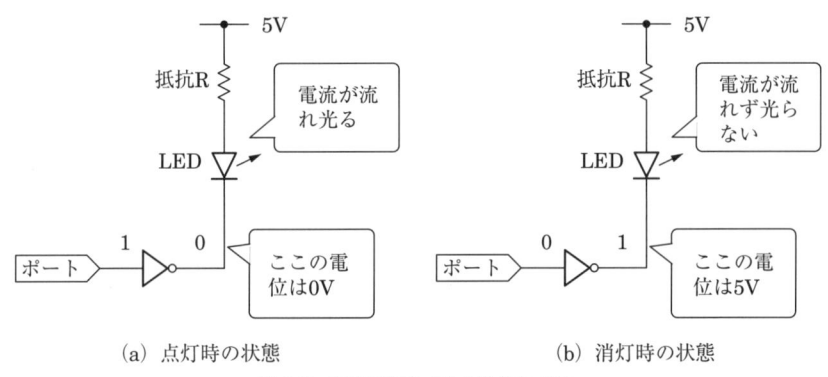

(a) 点灯時の状態　　　　　　　(b) 消灯時の状態

図 3.6　LED 表示回路の動作モデル

　もしマイコンのポートから 1 (High) が送られてくると（図 3.6 (a)），NOT 回路の出力は 0 (Low) になり，LED のアノードとカソードに電位差（端子間の電圧の大きさの差）が起こるので，LED に電流が流れ光ります。

　今度は，マイコンのポートから 0 (Low) が送られてくると（図 3.6 (b)），NOT 回路の出力は 1 (High) になり，LED のアノードとカソードの電位差はありません。したがって，LED に電流は流れず光りません。

3.2.3 スイッチ入力回路

スイッチ入力回路は，スイッチからマイコンのポートへ，信号を入力するための回路です．スイッチがONのとき，マイコンのポートに1(High)を入力し，OFFのときに0(Low)を入力します．図3.7がその回路図です．

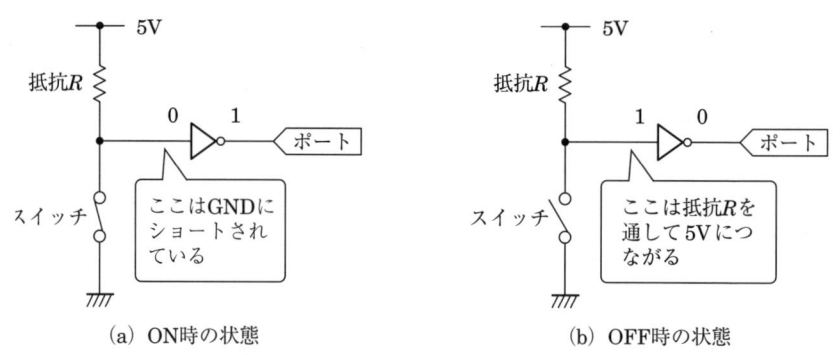

```
      ─ 5V                              ─ 5V
   抵抗R                               抵抗R
           0    1                              1    0
           ▷○──── ポート                   ▷○──── ポート
   スイッチ   ここはGNDに           スイッチ    ここは抵抗Rを
            ショートされ                      通して5Vにつ
            ている                            ながる
       ─┴─                              ─┴─
   (a) ON時の状態                      (b) OFF時の状態
```

図 3.7 スイッチ入力回路の動作

スイッチがONのときは（図3.7(a)），NOT回路の入力はグランドに直結され，その信号は0(Low)です．したがって，NOT回路の出力は1(High)で，マイコンのポートの信号は1(High)となります．

スイッチがOFFになると（図3.7(b)），NOT回路の入力はグランドから離れ，抵抗Rを通して5Vに接続されるため，その信号は1(High)です．したがって，NOT回路の出力は0(Low)で，マイコンのポートの信号は0(Low)となります．

3.2.4 RS232Cインタフェース

RS232CはEIA（米国電子工業会）が定めた，コンピュータとモデムを接続するための規格です．図3.8はパソコン（PC/AT互換機）のシリアルポートで，RS232Cとはコネクタの形状が異なりますが，信号はRS232Cと互換性があります．

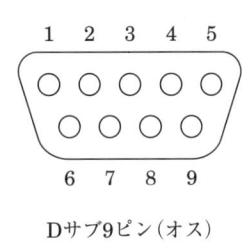

ピン番号	信号名	機能	R/W
1	DCD	キャリア検出	R
2	RxD	受信データ	R
3	TxD	送信データ	W
4	DTR	データ端末レディ	W
5	GND	グランド	—
6	DSR	データセットレディ	R
7	RTS	送信要求	W
8	CTS	送信可	R
9	RI	被呼表示	R

Dサブ9ピン(オス)

図3.8 PC/AT互換機のシリアルポートのコネクタ

RS232Cは，長距離の通信ができるように，信号のレベルがTTLのレベルと異なります．RS232Cでは，＋5Vから＋15Vの電圧で0(Low)を送信し，－5Vから－15Vの電圧で1(High)を送信します．受信は＋3Vから＋15Vの電圧を0(Low)とし，－3Vから－15Vの電圧を1(High)とします．プラスとマイナスの電圧を用い，さらに電圧の差を大きくすることで，長い距離でも正確にデータ通信ができるように工夫されています．

RS232Cは，数多くのモデム制御信号線をもっていますが，パソコンとマイコンを接続する場合は，一部の信号線だけで通信できます．図3.9に，パソコンとマイコンの接続を示します．

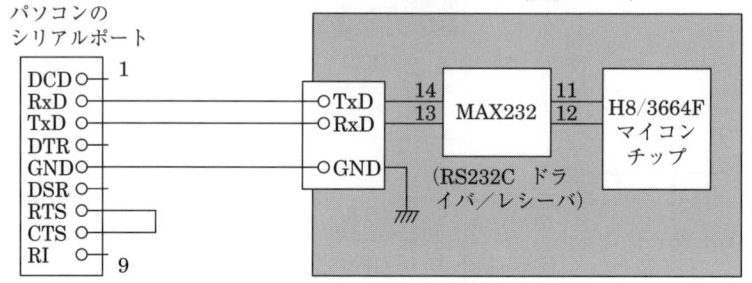

図 3.9　パソコンとH8マイコンのシリアル接続

　写真3.2は，筆者が作った通信ケーブルです．実験ボードとの接続に，ステレオジャックを用いていますが，これでも問題なく通信できます．ステレオジャックやプラグを使うと，機器をコンパクトに製作できます．

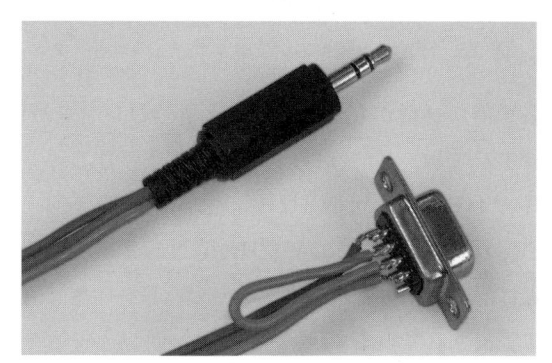

写真 3.2　自作した接続ケーブル

3.2.5　実験ボードの回路

　実験ボードの回路図を図3.10に，部品一覧を表3.1に示します．

　LED表示部とスイッチ入力部にはそれぞれ8個のNOT回路を使いますが，部品数を少なくするため，ここには74540（図3.11）を選びました．74540は，8個のNOT回路が横一列に並んだ構成をしているので，回路の結線も簡単です．

図 3.10 実験ボードの回路図

3.2 実験ボードのハードウェア　35

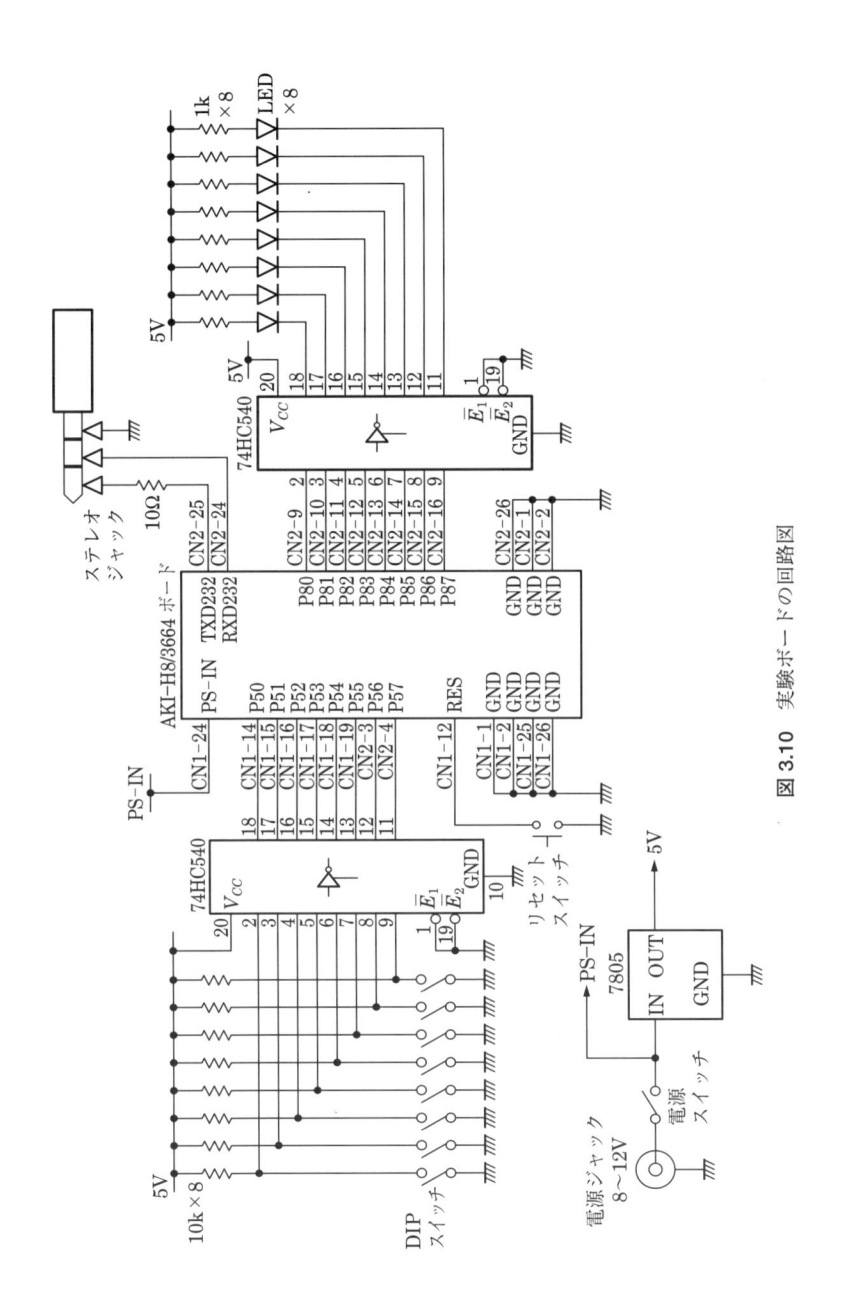

表 3.1 実験ボードの部品一覧

品 目	規 格	数量	備 考
マイコンモジュール	AKI-H8/3664マイコンモジュール（開発キット）	1	秋月電子通商で販売 はじめは開発キットを購入
IC	74HC540	2	74LS540でも可
ICソケット	20ピンDIP	2	
LED	$\phi 3$	8	出力回路用
DIPスイッチ	8回路	1	入力回路用
タクトスイッチ	基板用	1	リセットスイッチ
トグルスイッチ	基盤用	1	電源スイッチ
抵抗	10Ω	1	開発キットに付属
集合抵抗	$1k\Omega \times 8$	1	SIP型，片側コモン
	$10k\Omega \times 8$	1	SIP型，片側コモン
ACジャック	基板取付け型	1	電源ACアダプタに合うもの
ステレオジャック	$\phi 2.5$，基板取付け型	1	シリアル通信に使用
ステレオプラグ	$\phi 2.5$	1	シリアル通信ケーブルに使用
Dサブコネクタ	9ピン，メス	1	
万能基板	138mm×95mm	1	サンハヤトICB-505等
ゴム足		4	
ビス	$\phi 3mm$，10mm	4	
ナット	$\phi 3mm$	4	
レギュレタIC	7805	1	相当品可
電源	8から12Vくらい，0.5A	1	ACアダプタ等

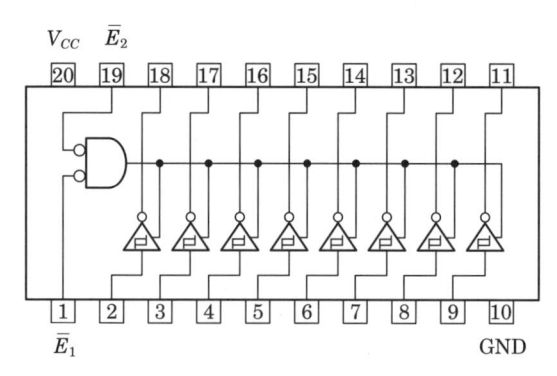

図 3.11 74540

74540はバスバッファとして用いられるICで，例えばコンピュータのバスが長くなったり，バスに多くのユニットを接続したいときに，バスの電気信号を増幅・整形する働きをします。

74540の，各NOT回路の入力は**シュミットトリガ入力**です。シュミットトリガでは，入力信号が0(Low)から1(High)に変わるときと，1(High)から0(Low)に変わるときの，しきいの電圧に差をつけて，入力の電気信号にゆがみが生じても，出力が振動しないように工夫されています。

また，74540の各NOT回路の出力は，**スリーステート**(three-state：3状態)出力です。デジタル回路の出力は0(Low)，1(High)，**ハイインピーダンス**(high-impedance：高抵抗・無接続)の3つの状態をもちます。実験ボードでは単にNOT回路として使うので，$\overline{E_1}$と$\overline{E_2}$を0とします(グランドに接続)。

実験ボードの74540には，CMOSの74HC540を使いました。CMOS-ICは静電気に弱いので，取扱いに注意が必要です。静電気から守るため，アルミ箔に包んだり，導電性のスポンジにピンを挿して保存します。

3.3 実験ボードの製作

写真3.3のような実験ボードを製作します。

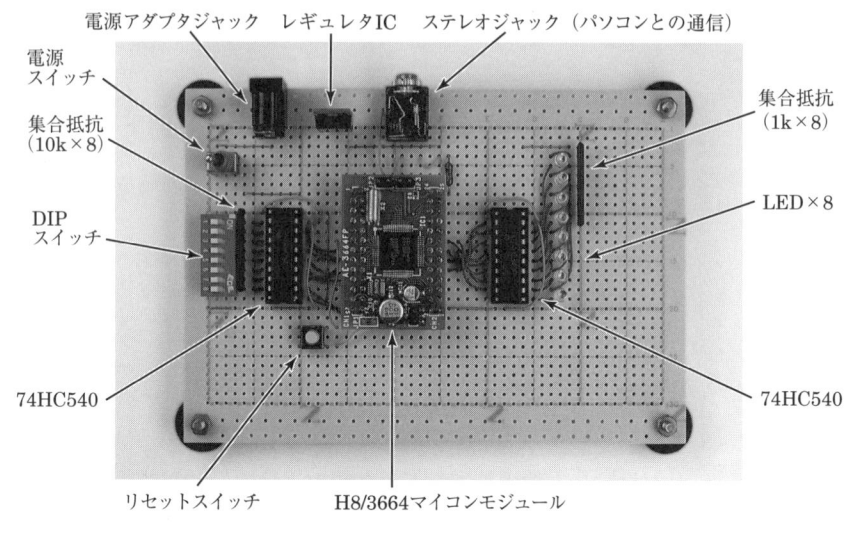

写真 3.3 実験ボード

3.3.1 プリント基板

基板には，138mm × 95mm の万能基板を使用しました。サンハヤトのICB-505などがあります（写真3.3のものは相当品）。もっと小さな基板でも収まりそうですが，工作に慣れないうちは，大きめの基板を使うといいでしょう。

電源アダプタジャックやステレオジャックを付けるときは，うまく穴が合いません。そのようなときには，ハンドドリルなどで新たに穴をあけ，カッターナイフや先の細いヤスリで穴を広げます。

3.3.2 工具

写真3.4に使用する工具類を示します。

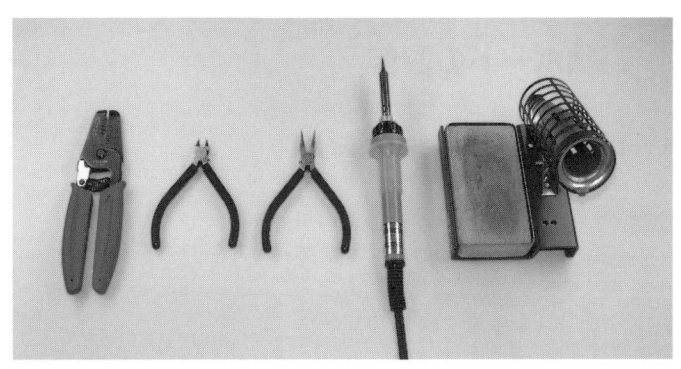

ワイヤ　　ニッパ　ラジオペンチ　ハンダこて　　こて台
ストリッパ

写真 3.4 配線に使用する工具

ニッパやラジオペンチは，電子工作用の小型のものを使います。

ハンダこては，20Wから30Wの小型のものを使います。特に，マイコン回路の配線は細かい作業なので，こて先が細く，特殊合金でコーティングされているものがよいでしょう。

ワイヤストリッパはリード線の被覆を取るための工具で，これがあると芯の導

線を傷つけずに被覆を取ることができます。ニッパで芯線を傷つけない程度にリード線をくわえて引っ張ると，被覆を取ることができますが，慣れないうちは芯線を傷つけたり，切ってしまったりするので，ワイヤストリッパがあると助かります。

3.3.3 線材

基板上に，ラッピング線やスズメッキ線などで配線します。ラッピング線は細い単芯の被覆線で，マイコン回路のように配線の数が多いときに束ねることができます（写真3.5）。

写真 3.5 ハンダとラッピング線

ラッピング線は，線材店などで切り売りされています。いくつか色を用意すると，信号によって色を変えることができるので，製作や配線のチェックが楽になります。

3.3.4 ハンダ付け

ハンダ付けは，図3.12のようにします。

ハンダ付けのコツは，まず，ハンダこての先と，母体（ハンダ付けする金属）をきれいにすることです。こて先は，雑巾や専用のスポンジを水で濡らし，こて先を上から軽くなぞるように拭きます。雑巾やスポンジの水気が多いと，汚れが落ちる前に冷えて固まってしまうので，適当に水を絞って使います。母体の汚れ

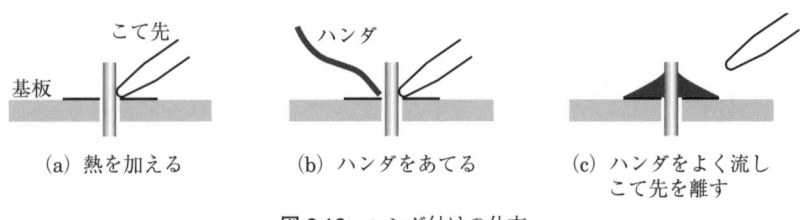

(a) 熱を加える	(b) ハンダをあてる	(c) ハンダをよく流しこて先を離す

図 3.12　ハンダ付けの仕方

は，サンドペーパーなどで擦って落とします。

次に，母体に十分に熱を加えることです。こて先を広い面積で部品に当て，動かさないで熱が伝わるのを待ちます。慣れないうちは，電子部品を熱で壊さないか心配です。しかし，十分に熱を加えた方が母体にハンダがなじみ，流れるので，少ないハンダで早く付きます。

実験ボードのハンダ付けは，およそ次の順序で進めます。

① 部品のレイアウトを決め，基板にICソケットやコネクタ類を配置する。
② 電源ラインを配線する。筆者は，ここにスズメッキ線を使っています。
③ 残りの部品を配置し，配線する。

ICソケットやコネクタ類をハンダ付けするときには，一度にすべてのピンをハンダ付けしないで，最初に対角線のピンをハンダ付けし，基板にきちんと差し込まれているか確認した後，残りのピンをハンダ付けします。LED（図3.5）や集合抵抗（図3.13）などをハンダ付けするときには，部品に方向があるので注意します。

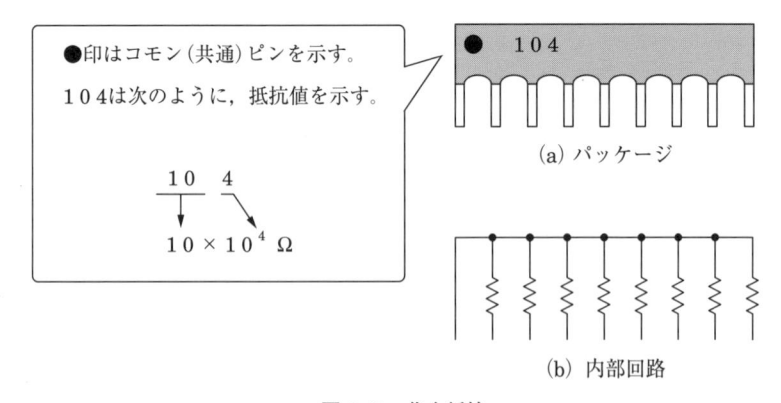

●印はコモン（共通）ピンを示す。
１０４は次のように，抵抗値を示す。

$10 \times 10^4\ \Omega$

(a) パッケージ

(b) 内部回路

図 3.13　集合抵抗

配線の仕方は，様々な方法がありますが，筆者の場合，図3.14のように配線しています．写真3.6のように仕上がります．

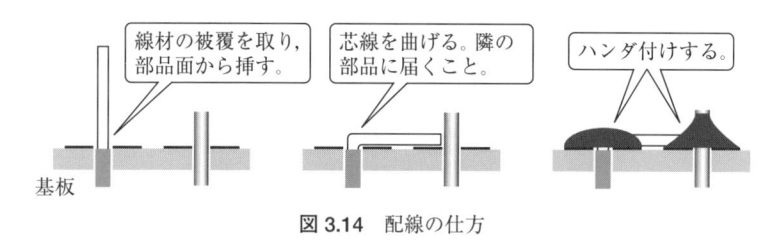

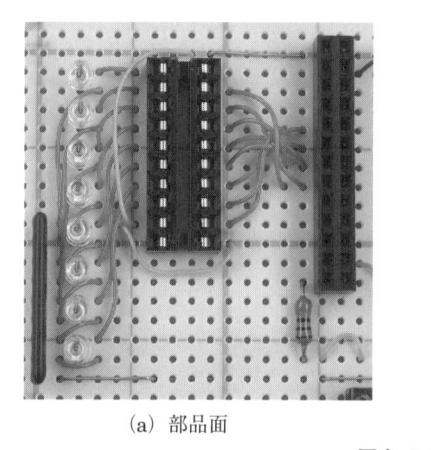

図 3.14 配線の仕方

（a）部品面 （b）ハンダ面

写真 3.6 配線

3.3.5 AKI-H8/3664マイコンモジュール

AKI-H8/3664マイコンモジュール（写真3.7）は，大きさが40mm×28mmの，とても小さなマイコンモジュールです．中心にハンダ付けされている1cm角のLSIがH8/3664Fマイコンチップで，このチップのほとんどの信号線が，基板両側の2個のコネクタ（CN1とCN2）に接続されています（図3.15）．

写真 3.7 AKI-H8/3664マイコンモジュール

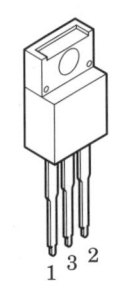

1. 入力
2. 出力
3. 接地
（放熱板）

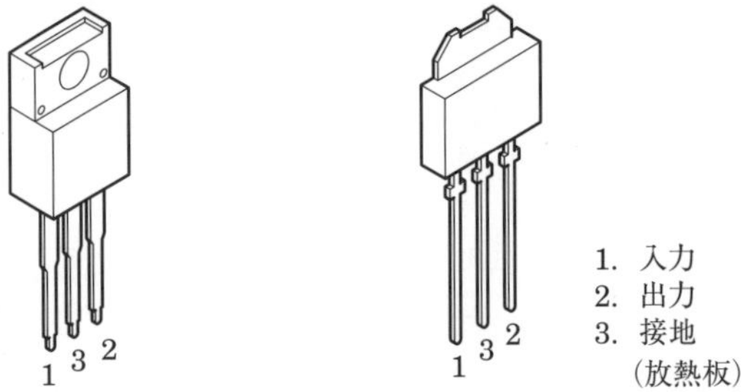

TA7805S（出力2A）　　TA7805F（出力1A）

図 3.15 3端子レギュレタ7805（東芝）

　AKI-H8/3664マイコンモジュールの製作は，付属の説明書のとおりです。ほとんどの部品がハンダ付け済みなので，簡単に作ることができます。

3.3.6 電源回路

　デジタルICやH8/3664Fマイコンを動作させるには，5Vの電源が必要です。実験ボードにはACアダプタ等を用いて電源を供給しますが，そこから**レギュレタIC**，7805を使い安定した5V電圧を作ります。図3.15に7805の外形を示します。7805は複数のメーカが製造していますが，同様に使用できます。

　AKI-H8/3664マイコンモジュールには，このようなレギュレータICが搭載されているので，ACアダプタから直接，電源接続します。

3.3.7 配線のチェック

配線のチェックにはテスタを使います。テスタは電子工作の必需品です。マイコン製作のときは，30Vくらいまでの直流電圧と抵抗が計測できれば十分です。ハンダ付けが終了したら，テスタの抵抗計で接触を測り，電源や信号線が正しく配線されているか確認します。マイコンモジュールと，74HC540を抜いた状態で，次の項目をチェックします。

① 電源ライン（5Vとグランド）がショートしていないか。
② 各部に電源がつながっているか。
③ 信号線が正しく配線されているか。
④ コネクタとケーブルの接触はどうか。

3.4　H8マイコンのプログラム開発

ここからはソフトウェアの話になります。マイコンのプログラムは，アセンブリ言語やC言語などで書くことができますが，本書では，アセンブリ言語（詳しくは4章で説明します）でプログラムを作ります。

3.4.1 アセンブリ言語とアセンブラ

CPUが実行するプログラムは，**機械語**（machine language）と呼ばれるプログラムで，0と1の組み合わせでできています。機械語は，我々が日常で使う言葉とあまりにかけ離れているので，機械語でプログラミングすると大変苦労します。そこでプログラム開発ツールとして生まれたのが，**アセンブリ言語**と**アセンブラ**です。

アセンブリ言語は，CPUの命令をMOVやADDなどのように，わかりやすい名前で扱います。そして，レジスタやアドレスも名前で扱います。そうすることで，機械語をより人間の言葉に近づけたのです。

アセンブリ言語で書かれたプログラムを，機械語プログラムに変換するソフトがアセンブラです．アセンブリ言語の命令と機械語の対応表を使って，人間が機械語に変換することもできます（**ハンドアセンブル**という）．しかし，プログラムが長くなると大変な作業ですし，間違えることがあるので，アセンブラで機械的に処理します．

3.4.2 プログラム開発の進め方

マイコンプログラムを開発するときのパソコンでの作業は，大きく3つのステップになります．

(1) アセンブラプログラムの編集

テキストエディタでアセンブラプログラムを編集します．テキストエディタには，Windowsに標準で用意されているメモ帳（notepad）などが使えます．

(2) 機械語プログラムの作成

機械語プログラムの作成に，アセンブラとリンカを使います（図3.16）．

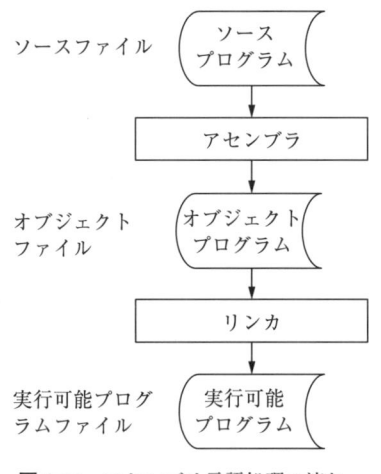

```
ソースファイル    ソースプログラム
                    ↓
                 アセンブラ
                    ↓
オブジェクト      オブジェクト
ファイル          プログラム
                    ↓
                  リンカ
                    ↓
実行可能プログ    実行可能
ラムファイル      プログラム
```

図3.16 アセンブリ言語処理の流れ

アセンブラは，アセンブラプログラムを機械語プログラムに変換するソフトです。アセンブラに入力するプログラムを，**ソースプログラム**(source program：原始プログラム) と呼び，アセンブラが出力する機械語プログラムを，**オブジェクトプログラム**(object program：目的プログラム) と呼びます。

リンカ(linkage editor) は，オブジェクトプログラムを入力し，**実行可能プログラム**(executable program) を出力します。実行可能プログラムとは，マイコンにセットすると，そのまま実行できるプログラムをいいます。

(3) 内蔵ROMへの書き込み

実行可能プログラムを，H8マイコンの内蔵ROMに書き込みます。

3.4.3　開発用ソフトの準備

開発用ソフトを使用するため，パソコンのハードディスクにインストールし，設定をします。

(1)　拡張子の表示

拡張子は，Windowsでファイルの種類を識別するために使われます。.EXEや.TXTなど，ファイル名の後ろのピリオド(.)で区切られた文字をいいます。

Windows は標準で，拡張子が表示されない設定になっています。プログラム開発には不便なので，拡張子を表示する設定をします。

エクスプローラを起動し，「ツール(T)」-「フォルダオプション(O)...」メニューを実行すると，「フォルダオプション」ウィンドウが表示されます(図3.17)。「フォルダオプション」ウィンドウの「表示」タグをクリックし，「詳細設定:」の「登録されている拡張子は表示しない」チェックをはずします。

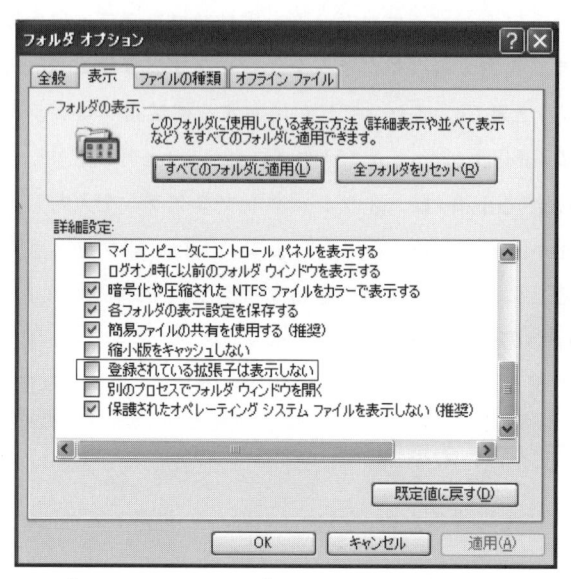

図3.17 「フォルダオプション」ウィンドウの設定（WindowsXP）

（2）ハードディスクの領域確保

パソコンのハードディスクに，図3.18のようなディレクトリ（フォルダのこと）を作ります。ディレクトリ名は半角文字にします。

表3.2 開発に使うソフトウェア

CD-ROMのファイル	説　明
￥asm￥asm38.exe	アセンブラ
￥asm￥lnk.exe	リンカ
￥writer￥3664.mot	内蔵ROMの書き込み時に必要な制御プログラム
￥writer￥hterm.exe	ターミナル

（3）開発ソフトのインストール

キットに付属するCD-ROM「AKI-H8/3664キットアセンブラ・モニタデバッガ」の表3.2のファイルを，図3.18のbinディレクトリへコピーします（図3.19）。

```
C:(ハードディスク)
├─ aki3664（秋月電子通商の開発環境を構築する）
    ├─ bin（アセンブラなど，開発ソフトを置く）
    ├─ doc（マニュアルなどの書類を置く）
    └─ projects（プログラム開発の作業領域）
```

図 3.18　開発環境のディレクトリ構造

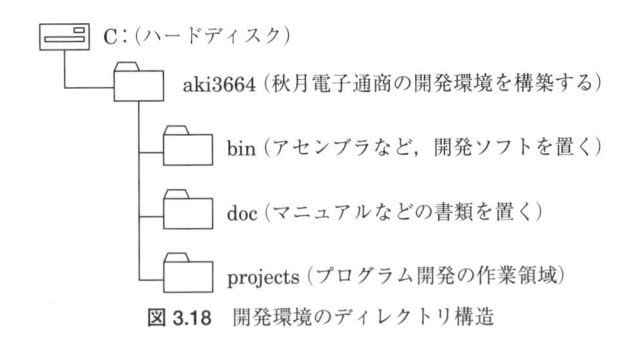

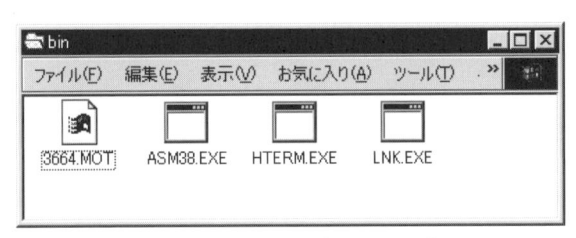

図 3.19　bin ディレクトリのファイル

(4) 開発環境の設定

アセンブラ等の開発ソフトは，**ターミナルソフト**（**コンソール**ともいう）で使います。Windowsには標準で，図3.20のようなターミナルソフトが用意されています。Windows98やWindowsMEではMS-DOSプロンプト（図3.20(a)），Windows2000やWindowsXPではコマンドプロンプト（図3.20(b)）を使います。

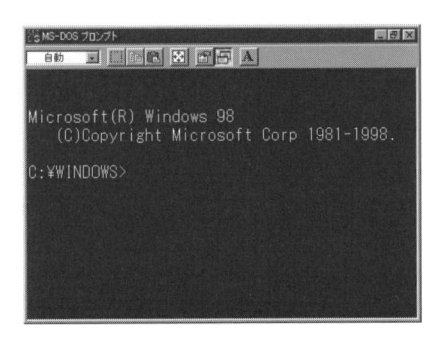

(a) Windows98　　　　　　　(b) WindowsXP

図 3.20　Windowsのターミナルソフト

3.4 H8マイコンのプログラム開発

ここで，開発ソフトを使うために，少し設定が必要です。Windows2000やWindowsXPの場合とWindows98の場合では，設定の仕方が違いますので注意して下さい。

＜WindowsXPの場合＞

WindowsXPやWindows2000など，WindowsNT系のOSを使用しているときは，次の設定を行います。

① c:¥aki3664ディレクトリに，テキストエディタでリスト3.1のファイル（バッチファイル）を作成します。ファイル名は，3664.batと付けます。

リスト3.1 3664.bat（WindowsXP用）

```
1  set path=%path%;c:¥aki3664¥bin    ←開発ソフトへのパスを通す
2  cd c:¥aki3664¥projects            ←作業ディレクトリに移す
3  cmd.exe                           ←ターミナルの起動
```

② 作成した3664.batファイルのアイコンをダブルクリックすると，ターミナルが開かれます（図3.21）。

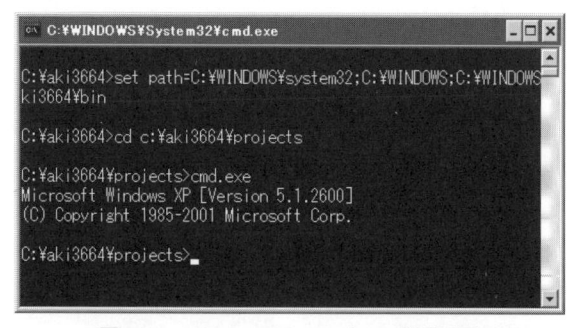

図 3.21　WindowsXPのマイコン開発画面

③ ASM38コマンド（アセンブラ）が起動できるか確認します。キーボードからasm38（英大文字と英小文字の区別はしません）と入力し，エンタキーを押します。asm38コマンドが実行されると，次のメッセージが表示されます。起動できないときには，3664.batファイルの内容を確認して下さい。

```
C:¥aki3664¥projects>asm38
H8S,H8/300 SERIES CROSS ASSEMBLER Ver. 2.0A Evaluation software
Copyright (C) Hitachi, Ltd. 1994,1998
Copyright (C) HITACHI MICROCOMPUTER SYSTEM LTD. 1994,1998
Licensed Material of Hitachi, Ltd.
(0) : 10 (E) NO INPUT FILE SPECIFIED

C:¥aki3664¥projects>
```

④ EXITコマンドで，ターミナルは閉じます。

＜Windows98の場合＞

Windows98やWindowsMeなど，Windows95系のOSを使用しているときは，次の設定を行います。

① c:¥aki3664ディレクトリに，テキストエディタでリスト3.2のファイルを作成します。ファイル名は，3664.batと付けます。

リスト3.2 3664.bat（Windows98用）

```
1  set path=%path%;c:¥aki3664¥bin     ←開発ソフトへのパスを通す
2  doskey                              ←doskeyの起動
3  cd c:¥aki3664¥projects              ←作業ディレクトリに移る
```

② c:¥aki3664ディレクトリに，C:¥COMMAND.COMのショートカットを作ります。名前はaki3664とします。aki3664ショートカットのアイコンを右クリックし「プロパティ」メニューを実行すると，「aki3664のプロパティ」ウィンドウが表示されます（図3.22）。「aki3664のプロパティ」ウィンドウの「プログラム」タグをクリックし表3.3のように入力します。

表3.3 「aki3664のプロパティ」ウィンドウの設定

項　目	内　容
作業ディレクトリ	c:¥aki3664¥projects
バッチファイル	c:¥aki3664¥3664.bat

図 3.22 「aki3664のプロパティ」ウィンドウ

③ aki3664ショートカットをダブルクリックすると，ターミナルが開かれます．

④ ASM38コマンド（アセンブラ）が実行できるか確認します．キーボードからasm38と入力し，エンタキーを押します．asm38コマンドが実行されると，次のメッセージが表示されます．実行されないときには，3664.batファイルの内容を確認して下さい．

```
C:\aki3664\projects>asm38
H8S,H8/300 SERIES CROSS ASSEMBLER Ver. 2.0A Evaluation software
Copyright (C) Hitachi, Ltd. 1994,1998
Copyright (C) HITACHI MICROCOMPUTER SYSTEM LTD. 1994,1998
Licensed Material of Hitachi, Ltd.
(0) : 10 (E) NO INPUT FILE SPECIFIED

C:\aki3664\projects>
```

⑤ EXITコマンドで，ターミナルは閉じます．

3.4.4 H8マイコンプログラムの実行

パソコンの開発環境ができたので，実際に，H8マイコンにプログラムをセットして，実験ボードを動かしてみましょう。

ここで作るプログラムは，DIPスイッチから入力した信号を，そのままLEDに表示するものです。次の手順で作業を進めます。

(1) ソースファイルの作成

① 最初に，プログラム開発の作業領域を作ります。projectsディレクトリ(57頁参照)に，testディレクトリを作ります(図3.23)。

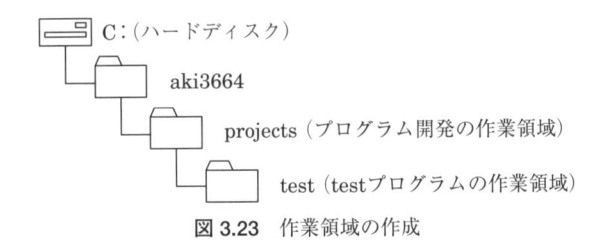

```
C:(ハードディスク)
  └ aki3664
      └ projects(プログラム開発の作業領域)
          └ test(testプログラムの作業領域)
```
図3.23 作業領域の作成

② テキストエディタで，リスト3.3を入力し，ソースファイルを作ります。名前をtest.srcとし，①のtestディレクトリに保存します。

(株)秋月電子通商のマニュアルでは，アセンブラのソースファイルの拡張子は.marです。しかし，この拡張子はMicrosoft Accessと重なるので，本書では，アセンブラのソースファイルの拡張子を.srcとします。

リスト3.3 test.src

```
1            .CPU     300HN           ;先頭でCPUの種類を指定する。
2    ; 次の4行で，ポート5とポート8のレジスタに名前を付ける。
3  PCR5:     .EQU     H'FFE8
4  PDR5:     .EQU     H'FFD8
5  PCR8:     .EQU     H'FFEB
6  PDR8:     .EQU     H'FFDB
7    ; ベクタテーブル(0番地)
8            .SECTION VECTOR,DATA,LOCATE=0
```

```
 9          .DATA.W  START           ;リセット時，START番地から実行が始まる。
10     ;   プログラム本体(0034番地)
11          .SECTION ROM,CODE,LOCATE=H'0034
12     START:
13          MOV.L    #H'FF80,SP      ;スタックの設定。
14          MOV.B    #0,R0L          ;ポート5を入力に設定。
15          MOV.B    R0L,@PCR5
16          MOV.B    #H'FF,R0L       ;ポート8を出力に設定。
17          MOV.B    R0L,@PCR8
18     LOOP:
19          MOV.B    @PDR5,R0L       ;ポート5からデータ入力。
20          MOV.B    R0L,@PDR8       ;ポート8へデータ出力。
21          BRA      LOOP            ;LOOP番地に飛ぶ。
22     ;
23          .END
```

(2) 機械語プログラムの作成

① 開発用ターミナルを開きます。CDコマンドでtestディレクトリに移ります。

```
C:¥aki3664¥projects>cd test
C:¥aki3664¥projects¥test>
```

② **ASM38**コマンドでアセンブルします。ここで，ソースプログラムに誤りがあると，エラーが起こります。そのときには，メッセージに従ってソースプログラムを修正して下さい。アセンブラが正常に終了すると，次のようになります。

```
C:¥aki3664¥projects¥test>asm38 test.src
H8S,H8/300 SERIES CROSS ASSEMBLER Ver. 2.0A Evaluation software
Copyright (C) Hitachi, Ltd. 1994,1998
Copyright (C) HITACHI MICROCOMPUTER SYSTEM LTD. 1994,1998
Licensed Material of Hitachi, Ltd.
  *****TOTAL ERRORS      0
  *****TOTAL WARNINGS    0

C:¥aki3664¥projects¥test>
```

③ **LNK**コマンドで，実行形式プログラムを作成します。もしエラーがあるときにはプログラムを修正し，アセンブルからやり直して下さい。リンカが正常に終了すると，次のようになります。最終的に，testディレクトリには，3つのファイルが作られます（図3.24）。

```
C:¥aki3664¥projects¥test>lnk test.obj
H SERIES LINKAGE EDITOR Ver. 5.3B Evaluation software
Copyright (C) Hitachi, Ltd. 1994,1998
Copyright (C) HITACHI MICROCOMPUTER SYSTEM LTD. 1994,1998
Licensed Material of Hitachi, Ltd.


LINKAGE EDITOR COMPLETED

C:¥aki3664¥projects¥test>
```

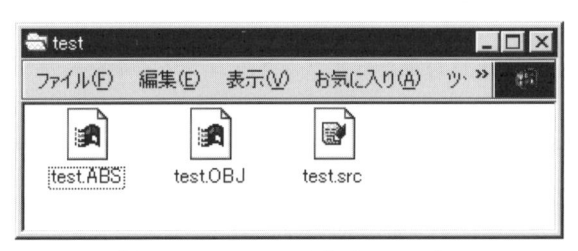

図 3.24　testディレクトリのファイル

(3) 機械語プログラムの書込み

① 実行形式のプログラムを，H8マイコンの内蔵ROMに書き込みます。シリアルケーブルで，開発用パソコンと実験ボードを接続します。実験ボードには，まだ電源を入れないで下さい。H8/3664マイコンモジュールの，JP2とJP3にジャンパーピンを差します（内蔵ROMの書込みモード）。

② 開発用ターミナルで，**HTERM**コマンドを実行します。すると，次の起動メッセージが表示されます。

```
C:¥aki3664¥projects¥test>hterm
Terminal Program for Monitor Var. 5.0
```

③ [CNTL]キーとFキーを同時に押します。すると，次のメッセージが表示されます。

```
Set Boot Mode and Hit Any Key.
```

④ ここで，実験ボードの電源を入れ，その後，何か（例えばA）キーを押します。続いて，メッセージに従い書込み制御ファイルを入力します。すると，H8マイコンチップのRAMに，書込み制御プログラムが転送されます。

```
Bitrate Adjustment Completed.
Input Control Program Name : c:¥aki3664¥bin¥3664.mot
transmit address = FA2C
Flash Memory Erase Completed.
```

⑤ 内蔵ROMに書き込む実行形式プログラムファイルを入力します。これで，書込みの作業は終わりです。「ESC」キーを押し，htermを終了します。

```
Input Program File Name : test.abs
transmit address = 0007F
Program Completed.
```

(4) 実験ボードでのプログラムの実行

H8/3664Fチップにプログラムがセットされたので，実際に動作させてみましょう。実験ボードの電源を切り，H8/3664マイコンモジュールの，JP2とJP3のジャンパーピンを抜き（通常モード）再び電源を入れると，内蔵ROMのプログラムが動作します。DIPスイッチをONすると，対応するLEDが光ります。

さあ，皆さんの実験ボードはきちんと動作しましたか。もし動かないときには，配線から見直して下さい。

　マイコン開発の最初の段階では，動作に異常があっても，ハードウェアが悪いのか，プログラムが悪いのか，わからないことがあります。そのようなときには，最初から1つずつ作業内容を見直して誤りを探します。

　初めてマイコン製作をした人にとっては，ここまで来るのも大変だったと思います。けれども，マイコン開発の最初の峠を越えることができました。マイコン開発を，自力で進める環境が整ったのです。

― 参考 ―

　開発用パソコンによっては，シリアルポートが複数あるものもあります。その場合，例えば実験ボードとの接続にCOM2を使うときには，

```
C:¥aki3664¥projects¥test>hterm com2
```

とコマンド入力します。また，シリアルポートは，表3.4のように設定します。

表3.4　シリアルポートの設定

項　目	設定値
通信速度	19 200bps
データ長	8ビット長
パリティ制御	なし
ストップビット長	1ビット
フロー制御	X-ON/OFF

3.4　H8マイコンのプログラム開発

3.5 コマンドによるパソコンの操作

開発用ソフトウェアは**コマンド**で使います．ここで，コマンドの使い方を簡単に説明します．

WindowsやMacintoshでコンピュータを始めた人にとっては，コマンドは難しく感じるかもしれません．WindowsやMacintosh以前は，コマンドでパソコンを操作していました（ウィンドウ環境はMacのほうが先輩です）．初心者でも簡単にコンピュータが使えるように，現在のパソコンでは，ディスプレイに表示されたアイコンやウィンドウと，マウスでコンピュータを操作することは当たり前になっています．

マイコン開発をするには，もう一度，古い時代に戻らなければなりません．マイコン開発に限らず，ソフトウェア開発やシステムやネットワークの世界では，コマンドが多く使われます．コマンドは，コンピュータを効率よく操作するためにも大切です．

3.5.1 Windowsのファイル管理

Windowsでは，ファイルは**ディレクトリ**で分類され管理されます．ディレクトリは，ファイルやディレクトリを収める箱のようなもので，Windowsでは**フォルダ**ともいいます．ただし，1つのディレクトリに，同じ名前（拡張子を含む）のファイルやディレクトリを入れることはできません．

Windowsでは，ディレクトリの中にディレクトリを収めることができるので，大分類，中分類，小分類といったファイルの管理ができます．このようなシステムを，**ディレクトリ階層構造**といいます．また，ディレクトリ階層構造を図で表すと（図3.25），木（tree）のように見えるので，ディレクトリ階層構造のことをディレクトリツリー（directory tree）ともいいます．Windowsでは，ディレクトリツリーは，ハードディスクやCD‐ROM，フロッピーディスクなどのドライブに，1つずつ作られます．

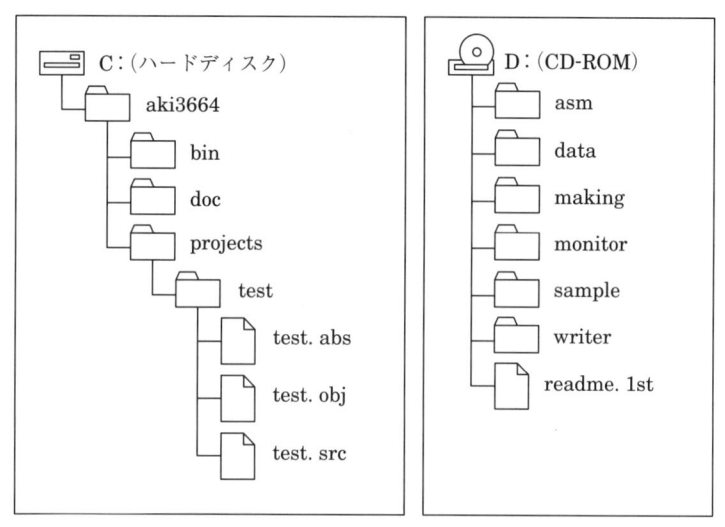

```
C:(ハードディスク)
  aki3664
    bin
    doc
    projects
      test
        test.abs
        test.obj
        test.src

D:(CD-ROM)
  asm
  data
  making
  monitor
  sample
  writer
  readme.1st
```

図 3.25　Windowsのディレクトリ階層構造

3.5.2　ファイルの指定

利用者がWindowsを利用しているとき，必ずどこかのディレクトリにいます。例えば，本章の開発ターミナルを起動すると，始めにprojectsディレクトリにいることになっています。これは，バッチファイルで，次のようにprojectsディレクトリに移動しなさいと，コマンドを実行しているためです。

```
cd c:\aki3664\projects
```

ディレクトリツリーの中から，目的のファイルやディレクトリを示すのに，**パス**（pass）を使います。例えばprojectsディレクトリは，c:\aki3664\projectsと示します。意味は，

　　Cドライブ→（ルート）→aki3664ディレクトリ→projectsディレクトリ

のように，projectsディレクトリに到達するまでの経路を表しています。**ルート**

（root）とは，ディレクトリツリーの根元のことで，ルートを起点とするパスを，**絶対パス**といいます。パスの書き方は，ディレクトリを円記号（¥）で区切って並べますが，絶対パスの場合には，必ず先頭のディレクトリの前にルートを意味する円記号（¥）を付けます（図3.26）。

```
C : ¥  a k i 3 6 6 4 ¥ p r o j e c t s
```
　　　　　　　　└─ 目的のファイルやディレクトリまでの経路。
　　　└─ ルートを起点とする。
└─ ドライブ名。そのドライブにいるときは，省略できる。

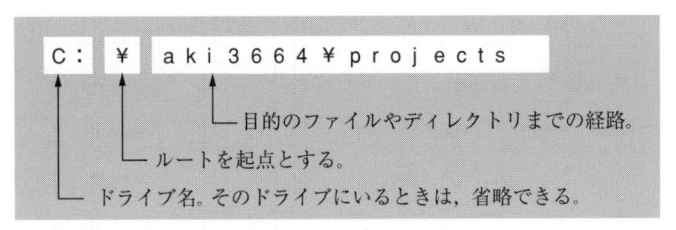

図 3.26 絶対パスの書式

今度は，testディレクトリに移動します。

```
cd test
```

絶対パスで指定すると長くて面倒なので，**相対パス**を使います。意味は，

　　（カレントディレクトリ）→ testディレクトリ

です。**カレントディレクトリ**とは，現在，作業しているディレクトリのことで，カレントディレクトリを起点とするパスを相対パスといいます。

3.5.3　ファイルやディレクトリの操作コマンド

ソフトウェアの開発は，ファイルを単位として行います。ここで，基本的なファイルやディレクトリを操作するコマンドを紹介します（△はスペースを意味します）。

◆ **CD（Change Directory）コマンド**

　書　式　　CD［△ディレクトリ］
　説　明　　ディレクトリへ移動する。ディレクトリを省略すると，現在のカレントディレクトリのパスを表示する。

使用例　cd c:¥aki3664¥bin ： c:¥aki3664¥binに移動。
　　　　cd ¥　　　　　　　　：ルートディレクトリに移動。
　　　　cd ..　　　　　　　　：上位のディレクトリに移動。

◆ DIR（DIRectory）コマンド

書　式　DIR［△ディレクトリ］
説　明　ディレクトリの内容を表示する。ディレクトリを省略すると，現在のカレントディレクトリの内容を表示する。
使用例　dir　　　　　　　　：カレントディレクトリの内容を表示する。
　　　　dir *.txt　　　　　：拡張子が.txtのファイルを表示する。
　　　　dir projects　　　：projectsディレクトリの内容を表示する。

◆ MD（Make Directory）コマンド

書　式　MD△ディレクトリ
説　明　ディレクトリを新たに作成する。
使用例　md test　　　　　　：testディレクトリを作成する。

◆ RD（Remove Directory）コマンド

書　式　RD△ディレクトリ
説　明　ディレクトリを削除する。
使用例　rd test　　　　　　：testディレクトリを削除する。

◆ COPY(COPY)コマンド

書　式　COPY△複写元ファイル△複写先ファイル
　　　　COPY△複写元ファイル△複写先ディレクトリ
説　明　ファイルを複製する。複写先にディレクトリを指定すると，そのディレクトリにファイルを複製する。
使用例　copy test.src abc.src：test.srcファイルをabc.srcに複製する。

◆ DEL(DELete)コマンド

書　式　DEL△ファイル名
説　明　ファイルを削除する。

使用例	del test.src	：test.src を削除する。
	del *.obj	：拡張子が.objのファイルをすべて削除する。
	del test.*	：ファイル名がtestのファイルを削除する。

◆ **REN(REName)コマンド**

書 式	REN△現在のファイル△変更ファイル
説 明	ファイルの名前を変更する。
使用例	ren test.src abc.src：test.srcファイルの名前をabc.srcに変更する。

3.5.4 アセンブルコマンド

ASM38コマンドはアセンブルコマンドです。H8マイコンのアセンブラのソースプログラムを，オブジェクトプログラムに変換します。

asm38はコマンドというより，プログラムといったほうがふさわしいと思いますが，asm38とターミナルからプログラムファイル名を入力することで，ASM38.EXE.が起動します（試しにnotepadと入力してみて下さい。メモ帳が起動します）。

asm38には様々な機能が用意されていて，その1つにリストファイルを出力する機能があります。リストファイルには，次のような詳細情報が出力されます。

- **アセンブルリスト**：ソースプログラムの個々の命令と，それに対応した命令コード(オブジェクトコード)。
- **クロスリファレンス(相互参照)リスト**：ソースプログラム中で使用したシンボル(記号)の，定義された位置と，参照された位置の相互関係。
- **セクションデータリスト**：プログラムのブロックであるセクションに関する情報。

リストファイルを出力するときには，次のように，listオプションを指定します。

```
asm38 test.src -list
```

3.6 モニタによるプログラムの実行

今までの方法では，新しいH8プログラムを実行するときに，その都度，プログラムを内蔵ROMに書き込んでいました。この方法では，プログラムの小さな変更でもROMに書き込みをするので効率的ではありませんし，内蔵ROMの寿命を縮めてしまいます。そこでモニタを使い，プログラムをRAMへ転送して実行することにします。

3.6.1 モニタとは

モニタ(monitor)は，簡単なシステムプログラムです。モニタはマイコンシステムに組み込まれて，ユーザプログラムのデバッグを助ける働きをします。

H8/3664のプログラムを効率よく開発するために，モニタを内蔵ROMにセットします。そして，実験ボードをリセットするとモニタが起動するので，利用者はモニタと対話しながらプログラム開発を進めていきます。

モニタは，開発用パソコンのターミナルソフトと，シリアル通信で接続されます。利用者がターミナルから入力したコマンドは，モニタに転送され，モニタが解釈し実行します。モニタを用いたユーザプログラムの実行は，次の手順でします。

① ユーザプログラムの実行ファイル(.abs)を作る。
② L(Load)コマンドで，実行ファイル(.abs)を，実験ボードのRAMへ転送する。
③ G(Go)コマンドでユーザプログラムを実行する。

一般的に，モニタは，表3.5のような機能をもっています。

表 3.5　モニタの主な機能

機　能	働　き
ダンプ	メモリの内容を表示する。
メモリセット	メモリの内容を変更する。
ロード	開発パソコンからメモリへ，プログラムを転送する。
実行	ユーザプログラムを実行する。
ブレーク	ユーザプログラムの実行を，中断または一時停止する。
レジスタ	CPUのレジスタの値を表示，変更する。
アセンブル	アセンブル命令を機械語に変換し，メモリにセットする。
逆アセンブル	メモリの内容をアセンブリ命令に変換し表示する。

3.6.2　モニタを使ったプログラムの実行

　実際にRAMにプログラムを転送し実行してみましょう。まず準備として，モニタプログラムを実験ボードの内蔵ROMに書き込みます。内蔵ROMへの書込み方法は前に説明したとおりです。モニタの実行ファイルは，マイコンキット付属CD-ROMの，¥MONITOR¥MONITOR.ABSです。キットのマニュアルも参考にして下さい。

　モニタの書込みが終了したら，次の手順でプログラムを実行してみます。

　実験ボードの電源は切って下さい。

① テキストエディタで，リスト3.4を入力し，ソースファイルchkport.srcを作ります。ASM38コマンドとLNKコマンドで，実行形式プログラムファイルchkport.absを作ります。

リスト3.4 chkport.src

```
1           .CPU    300HN           ;先頭でCPUの種類を指定する。
2       ; 次の4行で，ポート5とポート8のレジスタに名前を付ける。
3  PCR5:   .EQU    H'FFE8
4  PDR5:   .EQU    H'FFD8
5  PCR8:   .EQU    H'FFEB
6  PDR8:   .EQU    H'FFDB
7       ; プログラム本体(f780番地)
8           .SECTION ROM,CODE,LOCATE=H'F780
```

```
 9  START:
10          MOV.B     #0,R0L        ;ポート5を入力に設定。
11          MOV.B     R0L,@PCR5
12          MOV.B     #H'FF,R0L     ;ポート8を出力に設定。
13          MOV.B     R0L,@PCR8
14  LOOP:
15          MOV.B     @PDR5,R0L     ;ポート5からデータ入力。
16          MOV.B     R0L,@PDR8     ;ポート8へデータ出力。
17          BRA       LOOP          ;LOOP番地に飛ぶ。
18  ;
19          .END
```

② シリアルケーブルで，開発用パソコンと実験ボードを接続します。JP2とJP3ピンを抜いた状態で，実験ボードの電源を入れると，モニタの起動メッセージが表示されます。

```
H8/3664 Series Normal Mode Monitor Ver. 1.0A
Copyright (C) Hitachi, Ltd. 2000
Copyright (C) Hitachi ULSI Systems Co., Ltd. 2000

:
```

③ 実行形式プログラム chkport.abs を実験ボードへ転送します。プログラムの転送はLコマンドでします。

```
: l chkport.abs
 transmit address = F780
 Top Address = F780
 End Address = F78D
```

④ プログラムを実行します。プログラムのGコマンドでします。

```
: g f780
```

このプログラムには終わりがない（無限ループ）ので，プログラムを終了するときには，リセットスイッチを押します。H8マイコンをリセットしても，RAMの内容は消えません。

3.6.3　ユーザが使用できるRAM領域

RAMにプログラムを転送し実行することで，内蔵ROMの寿命を気にせずプログラムの作成ができますが，便利なことばかりではありません。特に，H8/3664FのRAM容量は小さいため，あまり大きいプログラムは実行できない欠点があります。RAM領域はモニタプログラムの変数領域としても使われます。そのためユーザが使用できるRAM領域は，図3.27のように約1Kバイト程度です。

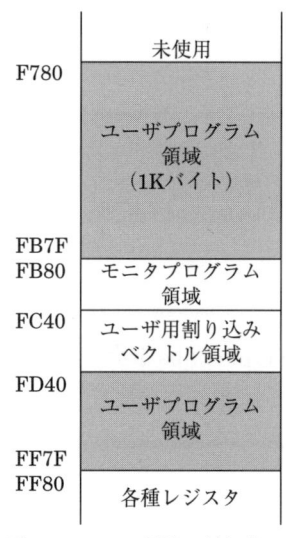

アドレス	内容
F780	未使用
	ユーザプログラム領域（1Kバイト）
FB7F	
FB80	モニタプログラム領域
FC40	ユーザ用割り込みベクトル領域
FD40	ユーザプログラム領域
FF7F	
FF80	各種レジスタ

図 3.27　RAM領域の割り当て

3.6.4　モニタのコマンド

ここで，よく使用するコマンドを紹介します。

D（Dump）コマンドはメモリの内容を16進数で表示（ダンプ）します。例えば，F780番地からF79F番地まで表示するには，

```
: d f780 f79F
< ADDR >      < D A T A >            < ASCII CODE >
F780  F8 00 38 E8 F8 FF 38 EB 28 D8 38 DB 40 FA C5 DA    ..8...8.(.8.@..."
F790  F7 F5 FF 6C 77 B6 9D EF F8 FF DD BC 97 FF DF FC    "...lw..........."
:
```

とします。

モニタには，メモリの内容をニーモニック記号に変換して表示する，**逆アセンブル機能**もあります。逆アセンブルのコマンドはDA()です。例えば，F780番地から逆アセンブル表示するには，

```
: da f780
<ADDR>  <CODE>            <MNEMONIC>  <OPERAND>
 F780   F800              MOV.B       #H'00:8,R0L
 F782   38E8              MOV.B       R0L,@H'FFE8:8
 F784   F8FF              MOV.B       #H'FF:8,R0L
 F786   38EB              MOV.B       R0L,@H'FFEB:8
 F788   28D8              MOV.B       @H'FFD8:8,R0L
 … 省略
```

とします。

◆ D(Dump) コマンド

書　式　　D△開始アドレス[△終了アドレス][;サイズ]

説　明　　開始アドレスから終了アドレスまで，メモリの内容を表示する。終了アドレスが省略されたときには，開始アドレスから256バイトを表示する。サイズには次のものを指定する。サイズを省略するとバイト単位に表示する。

　　　　　B　バイト単位で表示する。

　　　　　W　ワード単位で表示する。

　　　　　L　ロングワード単位で表示する。

使用例　　d f780　　　　　　　：f780番地からダンプする。

◆ DA (DisAssemble) コマンド

書　式	DA△開始アドレス [△終了アドレス]
説　明	開始アドレスから終了アドレスまで，メモリの内容を逆アセンブルする．終了アドレスが省略されたときには，16命令を逆アセンブルする．
使用例	da f780　　　　　：f780番地から逆アセンブルする．

◆ G (Go) コマンド

書　式	G [△実行開始アドレス]
説　明	実行開始アドレスからプログラムを実行する．実行開始番地を省略すると，現在のプログラムカウンタより実行を開始する．
使用例	g f780　　　　　：f780番地から実行を開始する．

◆ L (Load) コマンド

書　式	L△実行形式プログラム
説　明	実行形式プログラムで指定するファイル (.ABS) を転送する．

◆ ? (help) コマンド

書　式	[コマンド名△] ?
説　明	コマンドの使用方法を表示する．コマンド名を省略すると，コマンド一覧を表示する．
使用例	?　　　　　　　：コマンド一覧を表示する． d ?　　　　　　：dコマンドの使用方法を表示する．

4. アセンブラプログラミング

　コンピュータに意図する処理をさせるには，その処理内容をプログラムというかたちで，コンピュータにセットしなければなりません。
　プログラムはプログラム言語で書かれた文章です。CやBASICなど，プログラム言語には様々なものがありますが，ここではCPUの動作に最も近いアセンブリ言語の解説をします。アセンブリ言語を学ぶことで，H8マイコンを自由に動作させるようになるばかりか，コンピュータの動作原理の理解が深まるでしょう。

参考

　アセンブラプログラムの命令や書き方は，アセンブラによって，すこし違うところがあります。本書で紹介するプログラムは，(株)秋月電子通商のキットに付属するものに準じます。

4.1　命令とアドレス指定

　MOV命令を例に，命令の書き方とその仕組みを説明します。MOV命令はデータを転送する命令で，アセンブラプログラムでよく使う命令です。1章で触れましたが，マイコンでのデータの加工はCPUのレジスタでします。メモリ上のデータを加工するときには，まずメモリの内容をCPUのレジスタに移し，処理した後，再びメモリに返します。このようにプログラムの実行では，メモリとレジスタの間で，データ転送が頻繁に行われます。

4.1.1 命令のかたち

アセンブリ言語の命令は，**ニーモニックコード**(mnemonic code)で書きます。ニーモニックコードは，対応する**機械命令**(machine instruction)の意味を表す英語を，4文字程度に短縮し，人間にとってわかりやすく書き表すものです。

図4.1はMOV命令の一例です。ニーモニックコードのMOVは，英語のmove dataを短縮したもので，データ転送を意味します。図4.1のように，命令は**オペレーション**と**オペランド**から成ります。

```
     オペレーション      オペランド
      MOV.W          R0,R1
      ↑   ↑          ↑   ↑
   ニーモニック       ソース
        サイズ          デスティネーション
```
図 4.1 命令の形式

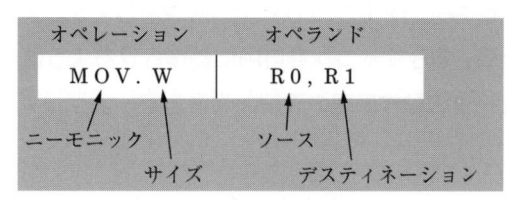

(1) オペレーション

オペレーション(opration)は，アセンブリ言語の動詞にあたります。ここには，ニーモニックコードと処理するデータのサイズ(表4.1)を，ピリオド(.)で区切り記述します。

表 4.1 サイズの指定

表記	意味
B	バイト(8ビット)データ
W	ワード(16ビット)データ
L	ロングワード(32ビット)データ

(2) オペランド

オペランド(operand)は，オペレーションの対象となるものをいいます。具体的には，レジスタやメモリの領域などを記述します。

多くの命令で，オペランドには，データを供給する**ソース**(source)と，データを受け取る**デスティネーション**(destination)の2つを指定します。このときソースとデスティネーションはカンマ(,)で区切り，ソースを左に，デスティネ

ーションを右に記述します。例えば，図4.1のMOV命令は，レジスタR0の内容をレジスタR1へ転送する意味を持ちます。ソースやデスティネーションで指示するデータは，サイズで指示する大きさでなくてはなりません。

4.1.2 アドレス指定

オペランドのソースやデスティネーションには，レジスタやメモリの領域などを指定しますが，これらの記憶場所の指定の仕方には，いくつかの方法があります。この指定方法を，**アドレッシングモード**(addressing mode)と呼びます。

(1) レジスタ直接指定　Rn

レジスタ直接指定はレジスタを指定します。例えば，レジスタR0の内容をレジスタR1へ転送するには，

```
MOV.W   R0,R1
```

と書きます。この命令が実行されると，デスティネーションであるレジスタR1の内容が新たに設定され，以前の内容は消えてなくなります。ソースであるレジスタR0の内容は変わりません。

レジスタには表4.2のものが使えます。例えば，バイトサイズのデータ転送は

```
MOV.B   R0L,R1L
```

のように記述します。

表4.2　レジスタの指定

8ビットレジスタ	R0L～R7L, R0H～R7Hの16本のいずれか
16ビットレジスタ	R0～R7, E0～E7の16本のいずれか
32ビットレジスタ	ER0～ER7の8本のいずれか

(2) 絶対アドレス指定　@aa

絶対アドレス指定は，メモリの領域を指定します。例えば100番地(10進数)のワードデータをレジスタR0に転送するときには，番地の前にアットマーク(@)を付けて

```
MOV.W    @100,R0
```

と記述します。

　プログラムを作るとき，100や200のように番地を覚えているのは大変です。そこでアセンブラプログラムでは，番地に名前を付けて指定することができます。例えば，DATAと名付けられたメモリ領域のワードデータを，レジスタR0に転送するときには，

```
MOV.W    @DATA,R0
```

と記述します。ここで，DATAのように番地に付けられた名前のことを，アセンブラでは**アドレスシンボル**といいます。

　レジスタの内容をメモリ領域へ転送するときは，

```
MOV.W    R0,@SAVE
```

のように記述します。

　残念ながら，H8/300H CPUには，メモリ領域からメモリ領域へデータを転送する機能はありません。DATA1番地のメモリ領域の内容をDATA2番地へ移すにときには，

```
MOV.W    @DATA1,R1    ←DATA1番地のメモリの内容をR1へ移す
MOV.W    R1,@DATA2    ←R1の内容をDATA2番地へ移す
```

のようにレジスタを介します。

(3) イミディエイトデータ指定　#xx

　値を直接指定します。**イミディエイト**(immediate)とは，アセンブラでは**即値**を意味します。例えば，レジスタR0の値を500(10進数)としたいときには，値の前にシャープ(#)を付けて

```
MOV.W    #500,R0
```

と記述します。

(4) レジスタ間接指定　@ERn

レジスタ間接指定は，レジスタの内容を番地とするメモリ領域を指定します。例えば，あらかじめER1の内容が1000で，ER1を使って1000番地のワードデータをレジスタR0へ転送するときは(図4.2)，

```
MOV.W    @ER1,R0
```

と記述します。

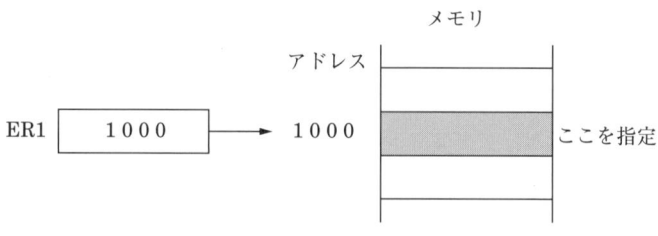

```
                          メモリ
                    アドレス
  ER1 │ 1000 │ ──→  1000  ▓▓▓▓  ここを指定
```

図4.2 レジスタ間接指定

このときのER1のように，レジスタ間接指定に使うレジスタのことを，**アドレスレジスタ**と呼びます。H8/300H CPUでは，32ビットレジスタER0〜ER7をアドレスレジスタとして使えます。

レジスタ間接指定でDATA番地のワードデータをレジスタR0へ移すときには，最初に，アドレスレジスタにDATA番地を転送します。次に，そのアドレスレジスタで，メモリ領域を間接参照します。

```
MOV.L    #DATA,ER1   ←イミディエイトデータ指定でER1にDATA番地を移す
MOV.W    @ER1,R0
```

(5) ポストインクリメントレジスタ間接指定　@ERn+

レジスタ間接指定を応用したメモリ領域の指定です。**ポストインクリメントレジスタ間接指定**では，最初に，アドレスレジスタの内容を番地とするメモリの領域を指定します。その後，アドレスレジスタの内容に，サイズがバイトのときは

1，ワードのときは2，ロングワードのときは4加算されます（図4.3）。

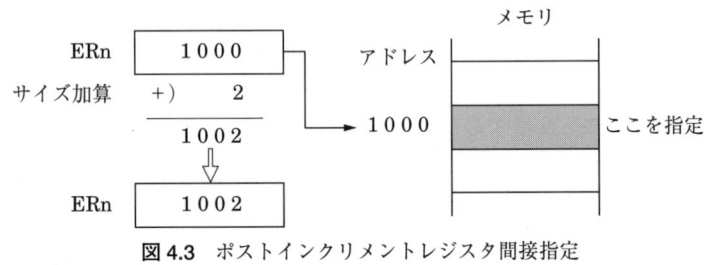

```
ERn    1000
サイズ加算  +)    2
       ─────
       1002
        ⇓
ERn    1002
```

アドレス　メモリ
1000　→　ここを指定

図4.3 ポストインクリメントレジスタ間接指定
（ワードデータの場合）

(6) プリデクリメントレジスタ間接指定　@-ERn

　レジスタ間接指定を応用したメモリ領域の指定です。**プリデクリメントレジスタ間接指定**では，最初にアドレスレジスタの内容を，サイズがバイトのときは1，ワードのときは2，ロングワードのときは4減じます。その後，アドレスレジスタの内容を番地とするメモリ領域を指定します（図4.4）。

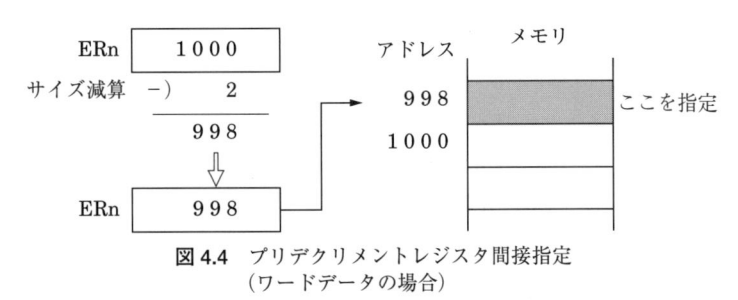

```
ERn    1000
サイズ減算  -)    2
       ─────
        998
         ⇓
ERn     998
```

アドレス　メモリ
998　→　ここを指定
1000

図4.4 プリデクリメントレジスタ間接指定
（ワードデータの場合）

(7) ディスプレースメント付きレジスタ間接指定　@(disp, ERn)

　レジスタ間接指定を応用したメモリ領域の指定です。**ディスプレースメント**（displacement）とは**変位値**を意味し，アドレスレジスタの内容に変位値を加えた値を番地とするメモリ領域を指定します（図4.5）。

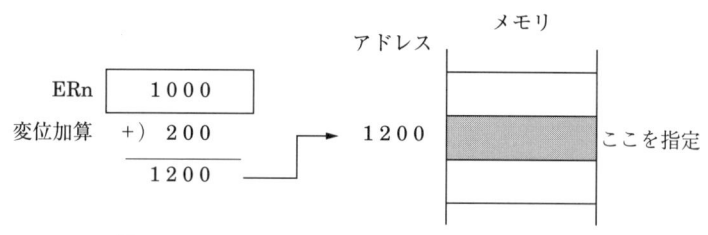

```
ERn    1000
変位加算 +) 200
       ─────
       1200          1200  ┃░░░░░░┃ ← ここを指定
```

図4.5 ディスプレースメント付きレジスタ間接指定

アドレスレジスタの内容よりも前のメモリ領域を指定したいときには，変位値に負の値を指定します．

参考

H8/300H CPUは最大24ビットのアドレスを指定することができますが，H8/3664Fマイコンのアドレスは16ビットです．H8/3664Fではメモリ領域のアドレス指定で，実行アドレスの下位16ビットが使われます．

4.1.3 命令の種類

アセンブラの命令には，**実行命令**と**アセンブラ制御命令**があります（図4.6）．

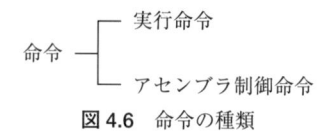

```
          ┌─ 実行命令
命令 ─────┤
          └─ アセンブラ制御命令
```
図4.6 命令の種類

実行命令はアセンブラで機械命令に翻訳され，CPUが実行する命令です．

プログラムを作るためには，実行命令の他に，データの貯蔵庫としてメモリの領域を指定するなどといった命令が必要です．このような働きをする命令として，アセンブラ制御命令があります．アセンブラ制御命令には，表4.3のような命令があります．

表4.3 アセンブラ制御命令

命令	書式	使用例
.CPU	CPUの種類を指定する。	.CPU 300HU
.SECTION	セクションを宣言する。	.SECTION P, CODE
.END	プログラムの終わりを示す。	.END
.DATA	整数データを確保する。	.DATA.W D'1000
.SDATA	文字列データを確保する。	.SDATA "hello"
.RES	データ領域を確保する。	.RES.B 3
.EQU	シンボルに値を設定する。	.PDR1 .EQU H'FFD4
.BEQU	ビットデータ名を設定する。	P17 .BEQU 7, PDR1
.ALIGN	境界調整する。	.ALIGN 2

4.2 演算命令

演算とは簡単にいうと計算をすることです。コンピュータのことを以前は電子計算機と呼んだように，演算はコンピュータの主要な機能です。H8/300H CPUは，加減乗除などの算術演算命令，論理積，論理和などの論理演算命令を備えています。

4.2.1 演算命令の動作

ADD(ADD binary)**命令**を例に，演算命令の動作を説明します。ADD命令は，2進数の加算をする命令です。

演算はレジスタでします。ドキュメントでADD命令の操作内容（オペレーション）を調べると，$R_d + s \rightarrow R_d$ となっていて，これは「デスティネーションレジスタへソースを加算し，実行結果をデスティネーションレジスタに保持する」ことを意味します。ソースにはレジスタ，またはイミディエイトデータが指定できます。残念ながら，メモリ領域の内容を直接加算することはできません。

次は，ADD命令の使用例です。

① レジスタR0にレジスタR1を加算し，結果をレジスタR0に保持する。

```
ADD.W    R0,R1
```

② レジスタR0Lに10(10進数)を加算する。

```
ADD.B    #10,R0L
```

さて，ADD命令に限らず，演算命令の実行結果はレジスタに保持されますが，このときCCR(コンディションコードレジスタ)も関連して動作します。もう一度CCRを説明した図2.5を見ると，CCRには演算に関係するビットがいくつかあります。ADD命令の場合は，実行した結果に応じてC(キャリ)，V(オーバフロー)，Z(ゼロ)，N(ネガティブ)，H(ハーフキャリ)の状態が新たに設定されます。図4.7はADD命令の操作内容を示したもので，CCRの"↕"はフラグの状態変化を示し，"-"はフラグが変化しないことを示しています。

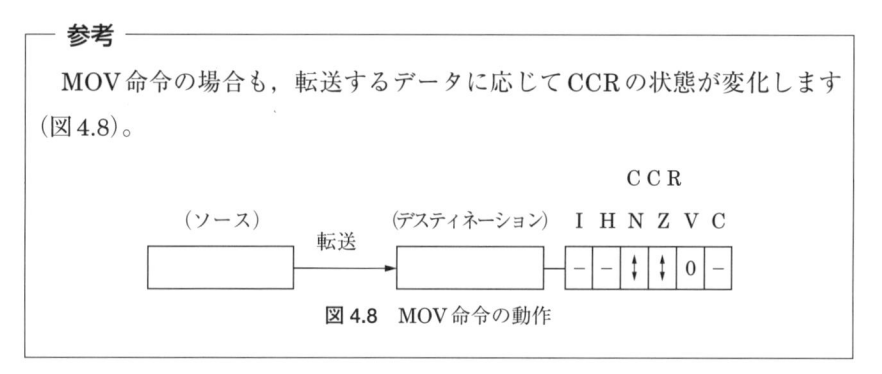

参考

MOV命令の場合も，転送するデータに応じてCCRの状態が変化します(図4.8)。

図4.8　MOV命令の動作

4.2.2　数の表現

演算の説明の前に，コンピュータが数をどのように取り扱っているか説明します。もうわかっている人は読み飛ばして下さい。最初に2進数と10進数を復習します。

- **2進数**：基数が2である数。0と1の2種類の文字で表現し，各桁の重みは2です。
- **10進数**：基数が10である数。0，1，2，3，4，5，6，7，8，9の10種類の

文字で表現し，各桁の重みは10です。

我々が普段使っている数は10進数で，1234は，

$1\times 10^3 + 2\times 10^2 + 3\times 10^1 + 4\times 10^0$

の数値を表しています。各桁は10の累乗となっていて，この10が桁の重みです。

2進数の10110の場合は，

$1\times 2^4 + 0\times 2^3 + 1\times 2^2 + 1\times 2^1 + 0\times 2^0$

となります。各桁は2の累乗となっていて，桁の重みは2です。この式を計算すると22になります。したがって，2進数の1011010は10進数では22です。簡単に2進数を10進数にするには，次のように，1のある桁の重みの和を求めます。

$2^4 + 2^2 + 2^1$

次に2の**補数**について説明します。2の補数とは「0と1で負の数をどう表すか」，負数の表現法の1つです。例えば－1を2の補数で表すと

$1111\cdots 1$

のように，すべての桁が1の2進数になります。その理由は，（－1）＋1＝0の計算をするとわかります。いま2進数の大きさを8ビットとすると，

```
    1 1 1 1 1 1 1 1
 +)               1
  ─────────────────
  1 0 0 0 0 0 0 0 0
```

となり，8ビットの部分は0となります。このようにnビットの2進数xと，xの2の補数の和は2のn乗になります。

さてここで，8ビットの2進数11111111は－1であり，255でもあるので混乱してしまいます。実はコンピュータでは，処理に応じて2進数の扱い（図4.9）を変えています。8ビットの2進数11111111は，符号なし2進数ならば255，符号付き2進数（補数表現）ならば－1になります（表4.4）。

```
                ┌── 符号なし2進数
                │                    ┌── 補数表現
        2進数 ──┤                    │
                └── 符号付き2進数 ──┤
                                     └── 絶対値表現
```

図4.9 コンピュータの2進数の扱い

表4.4 8ビットで扱うことができる数

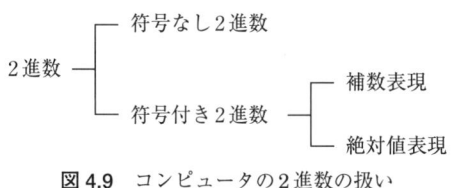

10進数	符号なし2進数	符号付き2進数(補数表現)
255	11111111	
254	11111110	扱えない
…	…	
128	10000000	
127	01111111	01111111
126	01111110	01111110
…	…	…
1	00000001	00000001
0	00000000	00000000
−1		11111111
−2	扱えない	11111110
…		…
−128		10000000

(3) 補数表現

補数表現では負の数を2の補数で扱います。符号の区別は，最上位一番左のビットが0のとき零または正，1のとき負とします。負の数を表すために2の補数を使うと，加算や減算の処理が簡単になります。そのため補数表現はコンピュータでよく使われます。多くの場合，**符号付き2進数**といったときは，補数表現を意味します。

(4) 絶対値表現

絶対値表現では，数の絶対値を表す2進数に符号を示すビットをつけたものです。コンピュータではあまり扱いません。

4.2.3 算術演算

算術演算は，加算，減算，乗算，除算などの数の計算をします。H8/300H CPUには表4.5のような算術演算命令があります。ここでは，制御への応用に必要と思われる命令を中心に取り上げます。

表4.5 算術演算命令

機能	命令	サイズ	操作内容	コンディションコード					
				I	H	N	Z	V	C
加算	ADD	BWL	Rd + Rs→Rd	−	↕	↕	↕	↕	↕
			Rd + #xx→Rd	−	↕	↕	↕	↕	↕
	ADDX	B	Rd8 + Rs8 + C→Rd8	−	↕	↕	↕	↕	↕
			Rd8 + #xx:8 + C→Rd8	−	↕	↕	↕	↕	↕
	ADDS	L	ERd32 + #(1か2か4)→ERd32	−	−	−	−	−	−
減算	SUB	BWL	Rd − Rs→Rd	−	↕	↕	↕	↕	↕
		WL	Rd − #xx→Rd	−	↕	↕	↕	↕	↕
	SUBX	B	Rd8 − Rs8 − C→Rd8	−	↕	↕	↕	↕	↕
			Rd8 − #xx:8 − C→Rd8	−	↕	↕	↕	↕	↕
	SUBS	L	ERd32 − #(1か2か4)→ERd32	−	−	−	−	−	−
乗算	MULXU	B	Rd8 × Rs8→Rd16(符号なし)	−	−	−	−	−	−
		W	Rd16 × Rs16→ERd32(符号なし)	−	−	−	−	−	−
	MULXS	B	Rd8 × Rs8→Rd16(符号付き)	−	−	↕	↕	−	−
		W	Rd16 × Rs16→ERd32(符号付き)	−	−	↕	↕	−	−
除算	DIVXU	B	Rd16÷Rs8→Rd16(RdH:余り, RdL:商)(符号なし)	−	−	↕	↕	−	−
		W	ERd32÷Rs16→ERd32(Ed:余り, Rd:商)(符号なし)	−	−	↕	↕	−	−
	DIVXS	B	Rd16÷Rs8→Rd16(RdH:余り, RdL:商)(符号付き)	−	−	↕	↕	−	−
		W	ERd32÷Rs16→ERd32(Ed:余り, Rd:商)(符号付き)	−	−	↕	↕	−	−
算術比較	CMP	BWL	Rd − Rs	−	↕	↕	↕	↕	↕
			Rd − #xx	−	↕	↕	↕	↕	↕
インクリメント	INC	B	Rd + 1→Rd	−	−	↕	↕	↕	−
		WL	Rd + #(1か2)→Rd	−	−	↕	↕	↕	−
デクリメント	DEC	B	Rd − 1→Rd	−	−	↕	↕	↕	−
		WL	Rd − #(1か2)→Rd	−	−	↕	↕	↕	−
負数化	NEG	BWL	0 − Rd→Rd	−	↕	↕	↕	↕	↕
10進数	DAA	B	Rd8 10進補正→Rd8	−	*	↕	↕	*	↕
	DAS	B	Rd8 10進補正→Rd8	−	*	↕	↕	*	↕
拡張	EXTS	WL	Rd 符号拡張→Rd	−	−	↕	↕	0	−
	EXTU	WL	Rd ゼロ拡張→Rd	−	−	0	↕	0	−

(1) ADD命令

ADD命令は2進数の**加算**をします。その動作を詳しく見ていきましょう。例として，バイトサイズで100＋50（10進数）をします。

$$
\begin{array}{r}
0\ 1\ 1\ 0\ 0\ 1\ 0\ 0 \quad (100)_{10} \\
+)\quad 0\ 0\ 1\ 1\ 0\ 0\ 1\ 0 \quad (50)_{10} \\
\hline
1\ 0\ 0\ 1\ 0\ 1\ 1\ 0 \quad (-106)_{10}
\end{array}
$$

この計算では，数を補数表現でみると正しい答えが得られません。これは，正しい答えの150が，バイトサイズで表すことができる範囲を越えているためです。この状態を**オーバフロー**が発生したといい，CCRのVフラグが1にセットされます。ADD命令の結果，正しい答えを得ることができたか知りたいときには，Vフラグを調べるとわかります。

次の例は，バイトサイズで(－64)＋(－64)をします。

$$
\begin{array}{r}
1\ 1\ 0\ 0\ 0\ 0\ 0\ 0 \quad (-64)_{10} \\
+)\quad 1\ 1\ 0\ 0\ 0\ 0\ 0\ 0 \quad (-64)_{10} \\
\hline
\boxed{1}\quad 1\ 0\ 0\ 0\ 0\ 0\ 0\ 0 \quad (-126)_{10}
\end{array}
$$

今度は正しい答えが得られたので，Vフラグは0にクリアされます。この計算では，**キャリ**（桁あふれ）が発生しています。そこでCフラグが1にセットされます。

Zフラグは，答えが零になると1にセットされます。例では，答えが零でないのでZフラグは0にクリアされます。

Nフラグは，答えが補数表現で負の数のとき，1にセットされます。つまり答えの最上位の1ビットがNフラグに保持されます。

(2) ADDX命令

ADDX（ADD with eXtend carry）**命令**は，CCRのC（キャリ）フラグを含んで加算します（図4.10）。バイトサイズの加算しかできませんが，前の加算のキャリを引き継ぐことができるので，多バイト長データの加算に利用します。

```
        Rd8      （ソース）    CCR        Rd8
       ┌────┐   ┌────┐   ┌─┐      ┌────┐
       │    │ + │    │ + │C│  →   │    │
       └────┘   └────┘   └─┘      └────┘
```

図4.10　ADDX命令の動作

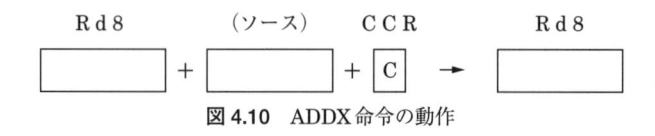

(3) SUB命令，SUBX命令

SUB(SUBtracy binary)命令は**減算**をする命令です。デスティネーションレジスタからソースを引いて，差をデスティネーションレジスタに保持します。減算で，もしデスティネーションの数がソースの数よりも小さいとき，**ボロー**（借り）が発生し，C(キャリ)フラグは1にセットされます。

SUB命令で，ソースにイミディエイトデータを指定するとき，バイトサイズの演算はできません。必要なときは次のSUBX命令を使います。

SUBX(SUBtracy with eXtend carry)命令は，C(キャリ)フラグを含み減算をする命令です。他バイト長データ減算に利用します。

(4) MULXS命令，MULXU命令

MULXS(MULtiply eXtend as Signed)命令と**MULXU**(MULtiply eXtend as Unsigned)命令は，**乗算**をする命令です。MULXS命令は符号付き乗算をし，MULXU命令は符号なし乗算をします。

MULXS命令とMULXU命令は，図4.11のように，8ビットレジスタと8ビットレジスタを掛けて，積を16ビットレジスタに保持するものと，16ビットレジスタと16ビットレジスタを掛けて，積を32ビットレジスタに保持するものがあります。

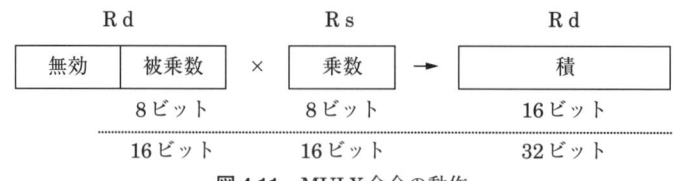

```
          Rd                Rs                Rd
     ┌────┬────┐       ┌─────────┐        ┌─────────┐
     │無効│被乗数│  ×   │  乗数   │   →    │   積    │
     └────┴────┘       └─────────┘        └─────────┘
          8ビット            8ビット              16ビット
     ─────────────      ─────────────       ─────────────
          16ビット           16ビット             32ビット
```

図4.11　MULX命令の動作

(5) DIVXS命令，DIVXU命令

DIVXS(DIVide eXtend as Signed)命令と**DIVXU**(DIVide eXtend as

Unsigned)命令は,除算をする命令です。DIVXS命令は符号付き除算をし,DIVXU命令は符号なし除算をします。

DIVXS命令とDIVXU命令は,図4.12のように,16ビットレジスタを8ビットレジスタで割り,商と余りを8ビットレジスタに保持するものと,32ビットレジスタを16ビットレジスタで割り,商と余りを16ビットレジスタに保持するものがあります。

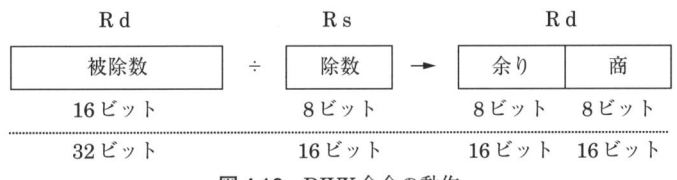

```
    Rd              Rs              Rd
 ┌────────┐      ┌──────┐      ┌──────┬──────┐
 │ 被除数 │  ÷   │ 除数 │  →   │ 余り │  商  │
 └────────┘      └──────┘      └──────┴──────┘
  16ビット         8ビット       8ビット  8ビット
  32ビット         16ビット      16ビット 16ビット
```

図4.12　DIVX命令の動作

(6) CMP命令

CMP(CoMPare)命令は**比較**をする命令です。CMP命令は後で説明する分岐命令と組み合わせてよく使われる命令です。

比較とは,2つの数aとbの大小関係を調べることです。コンピュータで比較の処理は,表4.6のようにaとbの差を求めて調べます。

表4.6　比較のしかた

$a-b$の結果	関　係
正である	$a>b$といえる
ゼロである	$a=b$といえる
負である	$a<b$といえる

CMP命令の操作内容を調べると,Rd − sとなっていて,これは「デスティネーションレジスタからソースを引く」を意味します。CMP命令の実行後,CCRの状態を調べることで,デスティネーションレジスタとソースの大小関係を知ることができます。

(7) INC命令,DEC命令

インクリメント(INCrement)は1加算,**デクリメント**(DECrement)は1減算をいいます。この2つの命令は,数を数える処理によく使います。

INC(INCrement)命令は，レジスタの内容を1加算しますが，16ビットレジスタ，32ビットレジスタのときには，2加算もできます。

DEC(DECrement)命令は，レジスタの内容を1減算しますが，INC命令と同様に，16ビットレジスタ，32ビットレジスタのときには，2減算もできます。

4.2.4 論理演算

論理演算はビットごとに論理(1：真，0：偽)の演算をします。ビットをまとめて操作できるので，制御プログラムではよく使われる命令です。

H8/300H CPUには，表4.7のような論理演算命令があります。

表4.7 論理演算命令

機能	命令	サイズ	操作内容	コンディションコード					
				I	H	N	Z	V	C
論理積	AND	BWL	Rd∧Rs→Rd	−	−	↕	↕	0	−
			Rd∧#xx→Rd	−	−	↕	↕	0	−
論理和	OR	BWL	Rd∨Rs→Rd	−	−	↕	↕	0	−
		BWL	Rd∨#xx→Rd	−	−	↕	↕	0	−
排他的論理和	XOR	BWL	Rd▽Rs→Rd	−	−	↕	↕	0	−
			Rd▽#xx→Rd	−	−	↕	↕	0	−
否定	NOT	BWL	~Rd→Rd	−	−	↕	↕	0	−

"∧"はビットごとの論理積，"∨"はビットごとの論理和，"▽"はビットごとの排他的論理和を，"~"はビットごとの否定を意味する。

(1) AND命令

AND(AND logical)命令は論理積を求めます。論理積は「aかつb ($a \land b$)」の計算で，aとbがともに1のとき，結果は1になります。

AND命令の使い方に，マスキングという応用があります。0と論理積をすると必ず0になるので，1と論理積した部分のみのビットパターンを抽出することができます。

例えば，

```
AND.B    #B'11111000,R0L
```

とすると，次の計算のように，上位5ビットが抽出されます。

$$
\begin{array}{r}
\fbox{0\ 1\ 1\ 0\ 1}1\ 1\ 0 \quad \text{(R0L)} \\
\wedge)\quad 1\ 1\ 1\ 1\ 1\ 0\ 0\ 0 \quad \text{(即値)} \\
\hline
\fbox{0\ 1\ 1\ 0\ 1}0\ 0\ 0 \quad \text{(R0L)}
\end{array}
$$

(2) OR命令

OR (OR logical) 命令は**論理和**を求めます。論理和は「a または $b\,(a \vee b)$」の計算で，a と b のどちらか1つでも1のとき，結果は1になります。

OR命令を使うと，ある部分のビットを強制的に1にすることができます。

例えば，

```
OR.B    #B'11110000,R0L
```

とすると，次の計算のように，上位4ビットが1にセットされます。

$$
\begin{array}{r}
\fbox{0\ 0\ 1\ 0}0\ 0\ 1\ 1 \quad \text{(R0L)} \\
\vee)\quad 1\ 1\ 1\ 1\ 0\ 0\ 0\ 0 \quad \text{(即値)} \\
\hline
\fbox{1\ 1\ 1\ 1}0\ 0\ 1\ 1 \quad \text{(R0L)}
\end{array}
$$

(3) XOR命令

XOR (eXclusive OR logical) 命令は**排他的論理和**を求めます。排他的論理和 $(a \veebar b)$ では，a と b のどちらか1つだけ1のとき，結果は1になります。a と b が両方とも1のときの結果は0です。

XOR命令を使うと，ある部分のビットを**反転**（0ならば1，1ならば0）することができます。

例えば，

```
XOR.B   #B'11110000,R0L
```

とすると，次の計算のように，上位4ビットが反転します。

```
     0101 0011    (R0L)
∀)   1111 0000    (即値)
     1010 0011    (R0L)
```

また，レジスタの全ビットを0にクリアしたいときは，

```
XOR.W   R0,R0
```

のようにします。この場合は，レジスタR0の内容が0になります。

(4) NOT命令

NOT (NOT = logical complement) 命令は論理の**否定**です。否定は「aでない」ことで，aが1のとき結果は0，aが1のとき結果は1になります。

NOT命令のオペランドには，レジスタのみを指定します。例えば，

```
NOT.B   R0L
```

とすると，8ビットレジスタR0Lの各ビットが反転します。

4.3　アセンブラプログラムのかたち

命令を並べて，ある仕事の処理内容を記述したものがプログラムです。ここからはプログラムの例を上げて，アセンブラプログラミングの手法を説明します。

● 例1

DATA1番地のワードデータとDATA2番地のワードデータを加算し，ANS番地のワード領域に結果を入れます。

例1のプログラムは，図4.13に示すように，メモリ領域にセットされているデータを加算するものです。

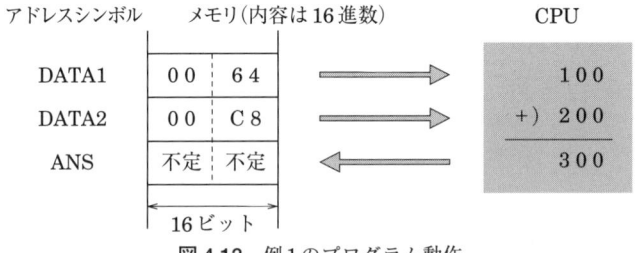

```
アドレスシンボル    メモリ(内容は16進数)              CPU
   DATA1          0 0 | 6 4    ⇒          1 0 0
   DATA2          0 0 | C 8    ⇒        +) 2 0 0
    ANS           不定 | 不定    ⇐          3 0 0
                  16ビット
```

図 4.13 例 1 のプログラム動作

　図 4.13 では，DATA1 番地のワード領域の内容を 100（16 進数で 0064）と，DATA2 番地のワード領域の内容を 200（16 進数で 00C8）としています。ANS 番地のワード領域の内容は，最初は定かでありませんが，プログラムの実行後 300（16 進数で 012C）になります。

　さて，ここからプログラミングをはじめますが，プログラムをいきなり書こうとしないで，最初にプログラムの処理手順，つまり**アルゴリズム**（algorithm）を考えます。ここでよいアルゴリズムが見つかると，プログラムが簡素になったり，完成したプログラムの処理速度が速くなったりします。

　図 4.14 は，例 1 のプログラムのアルゴリズムを図で表現したものです。アルゴリズムの表現方法にはいくつか種類がありますが，**フローチャート**（flow chart：**流れ図**）が一般的に使われています。

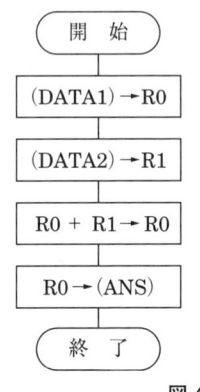

```
       開　始
         ↓
    (DATA1)→R0
         ↓
    (DATA2)→R1
         ↓
    R0 + R1 → R0
         ↓
    R0 → (ANS)
         ↓
       終　了
```

［フローチャートの内容の書き方］
本書では次のように表現する。
- 括弧で囲むときは，括弧の中をアドレスとするメモリの内容を意味する。
- CPU のレジスタはアドレスをもたないので，レジスタを書くとその内容を意味する。
- レジスタ間接指定は，(ERn) となる。

図 4.14 例 1 のフローチャート

4.3 アセンブラプログラムのかたち

このフローチャートを基に作成したプログラムがリスト4.1です。

リスト4.1 exp01.src

```
1   ; exp01.src
2         .CPU     300HN
3         .SECTION PROG,CODE,LOCATE=H'F780
4         MOV.W    @DATA1,R0    ; (DATA1)->R0
5         MOV.W    @DATA2,R1    ; (DATA2)->R1
6         ADD.W    R1,R0        ; R0+R1->R0
7         MOV.W    R0,@ANS      ; R0->(ANS)
8         RTS                   ; モニタへ復帰
9   DATA1: .DATA.W 100
10  DATA2: .DATA.W 200
11  ANS:   .RES.W  1
12         .END
```

4.3.1 コーディングのしかた

プログラムを書くことを**コーディング**といいます。ここではアセンブラプログラムの書き方を説明します。

アセンブラプログラムは，基本的に1行に1つの命令を記述します。プログラムはアスキー文字（半角文字）で記述します。ただし，コメントには，漢字（全角文字）を書くことができます。プログラムの各行は，図4.15のように**ラベル**，**オペレーション**，**オペランド**，**コメント**から構成されます。

ラベル	オペレーション	オペランド	コメント
STORE:	MOV.W	R0,@ANS	;結果を格納

図4.15 行の書式

(1) ラベル

行につける名前です。行の1文字目から書き始め，末尾にコロン(:)を付けます。先頭の文字は，英字かアンダースコア(_)かドル($)のいずれかです。2文字目以降は数字も書けます。アセンブラは英字の大文字と小文字を区別します。

(2) オペレーション

命令を書きます。ラベルとの間に1文字以上の空白（タブやスペース）が必要です。ラベルがないときは，まず空白を書き始め，オペレーションは2文字目以降から書きます。アセンブラは英字の大文字と小文字を区別しません。命令には実行命令やアセンブラ制御命令があります。

(3) オペランド

命令の実行の対象となるものを書きます。オペレーションとの間に1文字以上の空白が必要です。

(4) コメント

プログラムの注釈を書きます。コメントはセミコロン (;) で始まります。セミコロンから行末までがコメントです。

4.3.2 プログラムの構成

リスト4.1のプログラムは，図4.16のように，いくつかの部分に分けることができます。詳しく調べてみましょう。

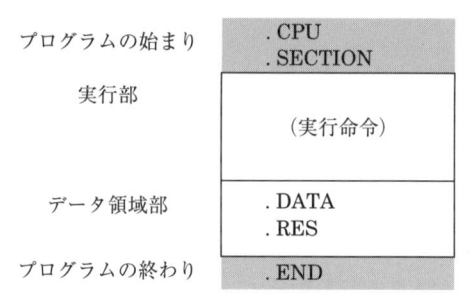

プログラムの始まり	.CPU .SECTION
実行部	（実行命令）
データ領域部	.DATA .RES
プログラムの終わり	.END

図4.16　プログラムのかたち

(1) プログラムの始まり

H8マイコンのアセンブラプログラムでは，プログラムの先頭で，アセンブラにCPUの種別を指示します。**.CPU命令**はCPUの種別を指示する命令です。

H8/3664のCPUはH8/300H CPUで，ノーマルモードで動作しているので，次のように.CPU命令を記述します。

```
          .CPU      300HU
```

次の行の.SECTION命令は，セクションを宣言します。セクションとはプログラムの単位です。機械語に変換されたプログラムは，セクション情報によってメモリに配置されます。H8マイコンのプログラムは，必ずどこかのセクションに属します。

リスト4.1のプログラムは，モニタから呼び出され実行されるプログラムです。3行目の.SECTION命令

```
          SECTION PROG,CODE,LOCATE=H'F780
```

は，セクション名をPROG，セクション属性をCODE（命令コード），プログラムを配置する先頭アドレスをF780番地（RAMの先頭アドレス）と宣言します。

(2) 実行部

リスト4.1の4行目から8行目までが**実行部**です。ここには，プログラム処理の内容を書きます。MOV命令やADD命令など，CPUが実行する命令を並べてプログラムを作ります。

8行目のRTS命令は，処理の終わりに，再びモニタに復帰するための命令です。

(3) データ領域部

リスト4.1の9行目から11行目までがデータ領域部です。プログラムにはMOV命令やADD命令のようにCPUが実行する命令の他に，データの貯蔵庫としてメモリの領域が必要です。ここでは，.DATA命令や.RES命令で，メモリ領域の定義をします。

9行目の.DATA命令

```
DATA1:    .DATA.W 100
```

は，DATA1と名付けられたワードサイズのメモリ領域に，100（10進数）を確保する意味をもちます。

11行目の.RES命令

```
ANS:        .RES.W  1
```

は，ANSと名付けられたワードサイズのメモリ領域を，1つ確保する意味をもちます。

(4) プログラムの終わり

プログラムは.END命令で終わります。

4.3.3 プログラムの実行と動作確認

それでは，プログラム exp01.src を実行し，動作を確認しましょう。

リスト 4.2 は，exp01.src をアセンブルした結果です。このリストから，アセンブラの命令とそれに対応する機械語，メモリへ配置するアドレスがわかります。

このプログラムで，DATA1 は F790 番地に，DATA2 は F792 番地に，ANS は F794 番地に対応します。

リスト4.2 exp01.lis（一部）

```
 1                        1;exp01.src
 2                        2       .CPU     300HN
 3   F780                 3       .SECTION PROG,CODE,LOCATE=H'F780
 4   F780   6B00F790      4       MOV.W    @DATA1,R0   ;(DATA1)->R0
 5   F784   6B01F792      5       MOV.W    @DATA2,R1   ;(DATA2)->R1
 6   F788   0910          6       ADD.W    R1,R0       ;R0+R1->R0
 7   F78A   6B80F794      7       MOV.W    R0,@ANS     ;R0->(ANS)
 8   F78E   5470          8       RTS                  ;モニタ復帰
 9   F790   0064          9 DATA1: .DATA.W 100
10   F792   00C8         10 DATA2: .DATA.W 200
11   F794   00000002     11 ANS:    .RES.W 1
12                       12       .END
    (アドレス)(機械語)            (ソースプログラム)
```

それではターミナルを起動し実行してみましょう。実行形式プログラム exp01.abs を H8 マイコンの RAM へ転送し，その領域をダンプしてみます。

```
: l exp01.abs      ←実行形式プログラム exp01.abs のロード
  transmit address=F790
  Top Address=F780
  End Address=F793

: d f780 f79f      ← F780 番地から F79F 番地までダンプ
  <ADDR>         < D A T A >          < ASCII CODE >
  F780  6B 00 F7 90 6B 01 F7 92 09 10 6B 80 F7 94 54 70   "k... ....k...Tp"
  F790  00 64 00 C8 2C FF FF FF FF FF FF FF FF FF FF FF   ".d... .........."
  :     DATA1 DATA2 ANS
```

ダンプの内容とリストファイルを比較すると，F780 番地から F78F 番地に実行命令（機械コード：mathine code）が，F790 番地と F792 番地にデータが転送されたことが確認できます。

次にプログラムを実行し，再びダンプします。

```
: g f780      ← F780 番地から実行

H8/3664 Series Normal Mode Monitor Ver. 1.0A
Copyright (C) Hitachi, Ltd. 2000
Copyright (C) Hitachi ULSI Systems Co., Ltd. 2000
: d f780 f79f     ← F780 番地から F79F 番地までダンプ
  <ADDR>         < D A T A >          < ASCII CODE >
  F780  6B 00 F7 90 6B 01 F7 92 09 10 6B 80 F7 94 54 70   "k... k.....k...Tp"
  F790  00 64 00 C8 01 2C FF FF FF FF FF FF FF FF FF FF   ".d..., ........."
  :     DATA1 DATA2 ANS
```

ANS 番地のメモリ領域の内容が 012C（10 進数で 300）に置き変わり，加算が正しくできたことがわかります。

4.3.4 定数定義と領域定義

ここで，.DATA命令や.RES命令など，直接メモリ上に値を設定したり，領域を確保する命令を説明します。

(1) 定数

まず，データそのものの表し方を説明します。アセンブラが直接扱うことができるデータは**整数定数**と**文字定数**です。

整数定数は，表4.8のように頭に基数をつけて記述します。この表現法で表す数は，符号なし2進数として扱います。

表4.8 定数の書式

分類	書式	例
2進数	B'と2進表現の数値	B'10001000
8進数	Q'と8進表現の数値	Q'210
10進数	10進表現の数値，D'と10進表現の数値	136，D'136
16進数	H'と16進表現の数値	H'A7

基数のない整数定数は10進数として扱います。この場合は，符号付き2進数として扱われます。

文字定数は文字コード(ASCIIコード)を値とする定数です。4バイト以内の文字をダブルコーテーション(")で囲んで記述します。ダブルコーテーション自身をデータとするときには2つ続けて書きます。

(2) .DATA命令

.DATA命令はデータを指定されたサイズにしたがって，メモリ上に確保します。例えば，

```
X:      .DATA.W 100
        .DATA.L H'F780
        .DATA.B B'1010,"a",0
```

とすると，図4.17のようにメモリに値が確保されます。

```
          アドレスシンボル   メモリ(内容は16進数)
                  X | 0 0 | 6 4 |
                    | 0 0 | 0 0 |
                    | F 7 | 8 0 |
                    | 0 A | 6 1 |
                    | 0 0 |     |
                    ←  16ビット  →
```

図4.17 .DATA命令によるデータ確保

　.DATA命令では，さらに，メモリ上にアドレスを確保することができます。例えば，

```
        .DATA.L X
```

とすると，アドレスシンボルXの値(番地)がメモリに確保されます。このとき，アドレスを確保するメモリ領域は，偶数番地でなければなりません。

(3) .SDATA命令

　.SDATA命令は文字列データをメモリ上に確保します。例えば，

```
MSG:    .SDATA  "abc"
```

とすると，図4.18のように，MSG番地からのメモリ領域に文字コードが設定されます。

```
        アドレスシンボル     メモリ(内容は16進数)
              M S G | 6 1 | 6 2 |
                    | 6 3 |     |
                    ← 16ビット →
```

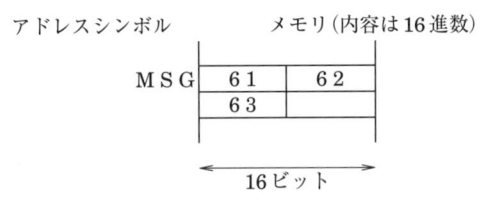

図4.18 .SDATA命令によるデータ確保

(4) .RES命令

.RES命令はメモリ上に領域を確保します。例えば，

```
BUF:    .RES.B  10
```

とすると，BUF番地から10バイトの領域が確保されます。

(5) .ALIGN命令

.ALIGN命令はメモリ領域の境界調整をします。例えば，.DATA命令でワードデータやロングワードデータを定義するとき，データを偶数番地から配置しなければなりません。このような場合，次のように.ALIGN命令で境界調整します（図4.19）。

```
        .ALIGN  2
MSG:    .SDATA  "abc"
        .ALIGN  2
DATA:   .DATA.W 100
        .DATA.L H'123456
```

アドレスシンボル	メモリ(内容は16進数)	
MSG	61	62
(偶数番地に必ず位置する)	63	
DATA	00	64
(偶数番地に必ず位置する)	00	12
	34	56

境界調整のため自動的に確保された領域

16ビット

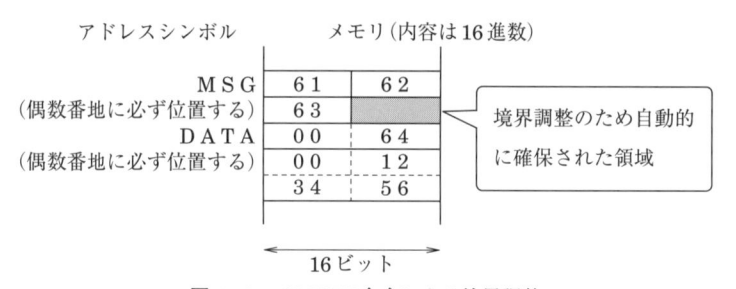

図4.19 .ALIGIN命令による境界調整

4.3 アセンブラプログラムのかたち

4.4 分岐処理のプログラム

分岐処理は,「もし何だったら何する」といった処理をします。

最も基本的なプログラム制御は,命令を順番に従い実行することで,**順次処理**といいます。しかし問題が少し複雑になると,条件によって違った処理をすることが必要になります。このようなプログラム制御を分岐処理といい,分岐処理をするための命令が**分岐命令**です。

● 例2

DATA1番地のワードデータとDATA2番地のワードデータを比較し,大きいほうをGRE番地のワード領域へ入れます。

例2のフローチャートを図4.20に示します。

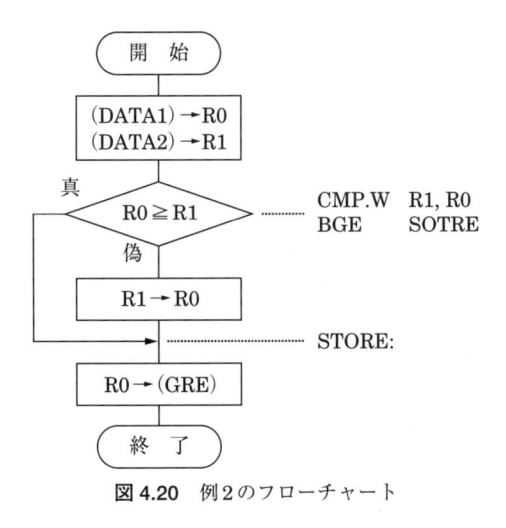

```
        開 始
          │
    (DATA1)→R0
    (DATA2)→R1
          │
      真   ◇
    ┌──< R0≧R1 >········ CMP.W  R1, R0
    │     ◇              BGE    SOTRE
    │   偽│
    │  R1→R0
    │     │
    └─────┤············· STORE:
          │
      R0→(GRE)
          │
        終 了
```

図4.20 例2のフローチャート

フローチャートのひし形で表される部分が,分岐と呼ばれるところです。ひし形の中に条件を書いて,それが成立するときには真の方向へ,不成立のときには偽の方向へプログラムの処理を進めます。

プログラムとの比較がしやすいように，分岐（ひし形）の横に対応する命令を右に示しました。リスト4.3に，例2のプログラムを示します。

リスト4.3 exp02.src

```
 1  ; exp02.src
 2          .CPU      300HN
 3          .SECTION  PROG,CODE,LOCATE=H'F780
 4          MOV.W     @DATA1,R0    ; (DATA1)->R0
 5          MOV.W     @DATA2,R1    ; (DATA2)->R1
 6          CMP.W     R1,R0        ; R0とR1の比較
 7          BGE       STORE        ; もしR0 >= R1ならば STORE へ
 8          MOV.W     R1,R0        ; R1->R0
 9  STORE:  MOV.W     R0,@GRE      ; R0->(GRE)
10          RTS                    ; モニタ復帰
11  DATA1:  .DATA.W   100
12  DATA2:  .DATA.W   200
13  GRE:    .RES.W    1
14          .END
```

4.4.1 分岐処理と分岐命令

図4.20のフローチャートでは，分岐処理として，
① レジスタR0とレジスタR1の大きさを比較し，
② もし，R0がR1以上ならば分岐する。
といった動作をします。これをアセンブラの実行命令で表すと

```
    CMP.W   R1,R0   ←  ①比較
    BGE     STORE   ←  ②分岐
```

となります。このように，分岐処理は**比較命令**と**分岐命令**を組み合わせて行います。2つの命令の動作を詳しく調べると，
① **CMP命令**ではレジスタR0とレジスタR1の大きさを比較し，CCRに結果を残す。
② **BGE命令**ではCCRの状態を調べ「以上である」といえるならばSTORE番

地に処理を移す.

となります.

分岐命令は,「どこへ移れ」といったように,命令の順番から外れて,任意の命令へ制御を移す命令をいいます.分岐命令は,「もし何ならば,どこへ移れ」といったように,分岐する条件をもっています.分岐命令が実行されると,まず分岐条件を調べ,もし条件が成立するときは指定の場所へ制御を移します.条件が成立しないときは次の命令に進みます.

4.4.2 分岐命令とCCR

BGE命令のニーモニックコードは,英語で,Branch Grater or Equalの意味をもちます.すなわち,BGE命令はCCRの状態を調べ「大きい」か「等しい」とき分岐します.

分岐命令は分岐条件によって,表4.9のようにたくさんの種類があります.その総称がBcc命令で,ccの部分に分岐条件を表す文字を入れて,分岐命令を作ります.

表4.9　B_{CC}命令の一覧

ニーモニック	意　味	分岐条件	直前のCMP s,Rdとの対応
BRA (BT)	Always (True)	真	
BRN (BF)	Never (False)	偽	
BHI	HIgh	$C \vee Z = 0$	Rd>s 符号なし
BLS	Low or same	$C \vee Z = 1$	Rd≦s 符号なし
BCC (BHS)	Carry Clear (High or Same)	$C = 0$	Rd≧s 符号なし
BCS (BLO)	Carry Set (LOw)	$C = 1$	Rd<s 符号なし
BNE	Not Equal	$Z = 0$	Rd≠s 符号なし/あり
BEQ	EQual	$Z = 1$	Rd=s 符号なし/あり
BVC	oVerflow Clear	$V = 0$	
BVS	oVerflow Set	$V = 1$	
BPL	PLus	$N = 0$	
BMI	MInus	$N = 1$	
BGE	Greater or Equal	$N \veebar V = 0$	Rd≧s 符号あり
BLT	Less Than	$N \veebar V = 1$	Rd<s 符号あり
BGT	Greater Than	$Z \vee (N \veebar V) = 0$	Rd>s 符号あり
BLE	Less or Equal	$Z \vee (N \veebar V) = 1$	Rd≦s 符号あり

分岐命令はCCRを見て，分岐するかしないか決めます。表4.9の分岐条件に示すように，CCRのC(キャリフラグ)，Z(ゼロフラグ)，V(オーバフローフラグ)，N(ネガティブフラグ)を論理計算し，分岐するかしないかを決めています。

4.4.3 ブランチとジャンプ

H8/300H CPUには，Bcc(Branch conditionally)命令とJMP(JuMP)命令の2つの分岐命令があります(表4.10)。この2つの分岐命令は，分岐先のアドレスの求め方に違いがあります。

表4.10 分岐命令（サブルーチン分岐は省く）

機能	命令	操作内容	コンディションコード					
			I	H	N	Z	V	C
分岐	Bcc	if condition is ture then PC←PC+d else next	-	-	-	-	-	-
	JMP	PC←ERn	-	-	-	-	-	-
		PC←aa	-	-	-	-	-	-
		PC←@aa	-	-	-	-	-	-

(1) Bcc命令

Bcc命令は，ブランチ(branch：枝分かれ)と呼ばれる分岐命令です。Bcc命令では，分岐先のアドレスを分岐命令(自身)のアドレスとの相対位置で指定します。Bcc命令の操作内容を見ると，PC←PC+dとありますが，これは「プログラムカウンタPCに変位値dを加算する」意味です。このようなアドレス指定(アドレッシング・モード)を，**プログラムカウンタ相対指定**といいます。

次は，Bcc命令の使用例です。

① BEGIN番地へ分岐する(分岐条件なし)。

```
BRA     BEGIN
```

② 等しいときにEXIT番地へ分岐する。

```
BEQ     EXIT
```

参考

　Bcc命令は分岐先への相対位置を，最大16ビットで指示します。したがって，分岐可能なアドレスは，16ビットの符号付き2進数で表現できる範囲（−32768から32767）内になります。

---

(2) JMP命令

　JMP命令は，ジャンプ（jump：跳ぶ）と呼ばれる分岐命令です。Bcc命令が分岐先のアドレスを，自分との相対位置で指定するのに対し，JMP命令は分岐先のアドレスそのものを指定します。JMP命令の分岐条件はありません。

　次は，JMP命令の使用例です。

① レジスタER1の指示する番地へ分岐する（アドレス間接指定）。

```
JMP      @ER1
```

② NEXT番地へ分岐する（アドレス直接指定）。

```
JMP      @EXIT
```

③ VEC番地のメモリ領域の内容を分岐先アドレスとし分岐する（メモリ間接指定）。

```
JMP      @@VEC
```

4.5 繰り返し処理のプログラム

繰り返し処理は，同じ処理を何度も繰り返すプログラム制御をいいます。繰り返し処理はプログラムの基本的なかたちの1つです。「順番」,「分岐」,「繰り返し」の3つの処理形態を**プログラムの基本要素**といい，これがあればどんなアルゴリズムでも表すことができます。

4.5.1 繰り返しのかたち

図4.21のように，分岐命令の分岐先を処理の前に指定すると，簡単に「繰り返し」ができます。このかたちの繰り返し処理では，一度処理を実行し，その後条件を調べて，条件が成立する間，処理を繰り返し実行します。

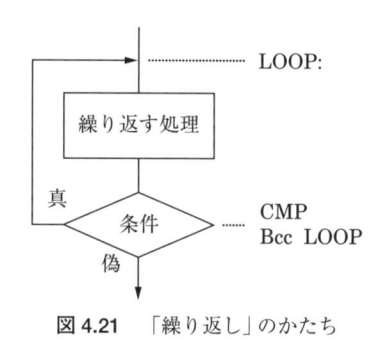

図4.21　「繰り返し」のかたち

4.5.2 カウント

繰り返し処理では，「何回繰り返しなさい」といった処理をよくします。この場合，1回，2回，…と回数を数える**カウント変数**が必要です。実際のプログラムを見てみましょう。

● 例3
1から10までの数の総和を，SUM番地のワード領域へ入れます。

例3の問題を，1，2，3，…，10と数を数える繰り返しで解決します。そのフローチャートを図4.22に示します。

レジスタR1がカウント変数で，初期値を1とします。そして繰り返しごとに1加算しますが，レジスタR1が10以下であるうちは処理を繰り返します。

レジスタR0には総和が入ります。繰り返しごとにレジスタR1の内容を足し込みます。

リスト4.4に，そのコーディングを示します。4行目のXOR命令は少しわかりづらいですが，こうするとレジスタR0が0クリアされます。

7行目のINC命令でレジスタR1の内容を1増加し，8行目のCMP命令で10と比較します。その結果をうけ，9行目のBLE命令で「以下である」ときに分岐し，繰り返し処理をします。

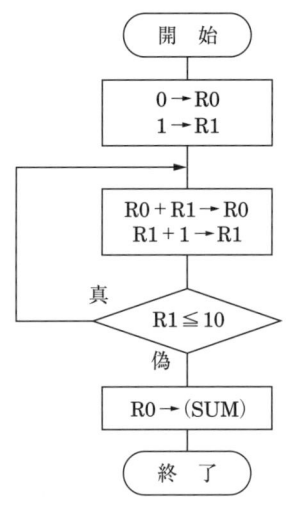

図4.22 例3のフローチャート

リスト4.4 exp03.src

```
1    ; exp03.src
2         .CPU    300HN
3         .SECTION PROG,CODE,LOCATE=H'F780
4         XOR.W   R0,R0        ; 0->R0
```

```
 5              MOV.W     #1,R1         ; 1->R1
 6     LOOP:    ADD.W     R1,R0         ; R0+R1->R0
 7              INC.W     #1,R1         ; R1+1->R1
 8              CMP.W     #10,R1        ; R1と0を比較
 9              BLE       LOOP          ; もしR1 <= 0 ならばLOOPへ
10              MOV.W     R0,@SUM       ; R0->(SUM)
11              RTS                     ; モニタ復帰
12     SUM:     .RES.W    1
13              .END
```

4.5.3 繰り返し処理と配列

同じタイプ(type：型)のデータがメモリ上に連続して並んでいるものを，**配列**(array)と呼びます。配列の処理は繰り返しを用います。

● 例4 ─────────────

DATA番地から格納されている5ワードのデータの総和を，SUM番地のワード領域へ入れます。

───────────────

例4は配列データの総和を求めるプログラムです。$X1 + X2 + \cdots + X5$の計算は4個のADD命令を使ってもできますが，ここでは繰り返しで解決します。まず，図4.23のようにメモリ領域にデータが格納されているものとします。

```
アドレスシンボル    メモリ(内容は10進数)
     DATA          | 1 0 |
                   | 2 0 |
                   | 3 0 |
                   | 4 0 |
                   | 5 0 |
     SUM           | 不定 |
                   ←16ビット→
```

図4.23 例4のデータ領域

図4.24にフローチャートを示します。このフローチャートでは，レジスタER1による**ポストインクリメントレジスタ間接指定**があります。

```
                    ┌─────────┐
                    │  開 始  │
                    └────┬────┘
                         │
                   ┌─────┴─────┐
                   │  0 → R0   │──────< 総和を0にする
                   └─────┬─────┘
                         │
                   ┌─────┴──────┐
                   │ DATA → ER1 │──────< ER1にDATA番地をセット
                   └─────┬──────┘
                         │
                   ┌─────┴─────┐
                   │  5 → R2   │
                   └─────┬─────┘
                         │
              ┌──────────┴──────────┐
              │   (ER1) → E0        │──────< ER1による
              │   ER1+2 → ER1       │        ポストインクリメント
              └──────────┬──────────┘        レジスタ間接設定
                         │
                   ┌─────┴──────┐
                   │ R0+E0 → R0 │
                   └─────┬──────┘
                         │
                   ┌─────┴──────┐
                   │ R2-1 → R2  │──────< 演算の結果，CCRの
                   └─────┬──────┘        フラグが変わる
                         │
                    真  ╱ ╲
              ┌────────< R2≠0 >
              │         ╲ ╱
              │          │偽
              │    ┌─────┴──────┐
              │    │ R0 → (SUM) │
              │    └─────┬──────┘
              │          │
              │      ┌───┴───┐
              │      │ 終 了 │
              │      └───────┘
              └──(ループバック)
```

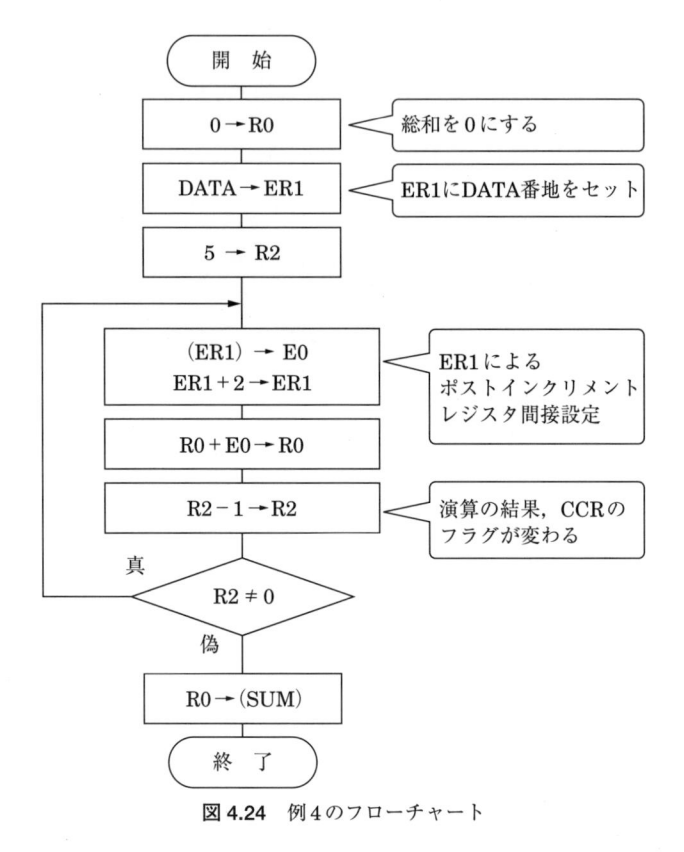

図4.24 例4のフローチャート

　最初に，レジスタER1に配列DATAの先頭アドレスを設定します。配列DATAはワードデータの配列なので，レジスタER1が配列の内容を参照するごとに2加算し，レジスタER1の内容が，次のデータを指すようにします。

　レジスタR2はカウンタ変数で使います。レジスタR2の初期値は5で，繰り返し処理ごとに1減じます。そして，レジスタR2が0でないうちは処理を繰り返します。

　リスト4.5にコーディング例を示します。

　このプログラムでは，CMP命令といった比較命令を使わずに繰り返しの判定をしています。8行目のDEC命令で，レジスタR2の内容から1引かれますが，このとき，CCRのフラグが変化します。この結果をうけ，9行目のBNE命令で

分岐する判断をしています。

リスト4.5 exp04.src

```
 1  ; exp04.src
 2          .CPU      300HN
 3          .SECTION  PROG,CODE,LOCATE=H'F780
 4          XOR.W     R0,R0        ; 0->R0
 5          MOV.L     #DATA,ER1    ; DATA->ER1
 6          MOV.W     #5,R2        ; 5->R2
 7  LOOP:   MOV.W     @ER1+,E0     ; (ER1)->E0, ER1+2->ER1
 8          ADD.W     E0,R0        ; R0+E0->R0
 9          DEC.W     #1,R2        ; R2-1->R2
10          BNE       LOOP         ; もしR2<>0ならばLOOPへ
11          MOV.W     R0,@SUM      ; R0->(SUM)
12          RTS                    ; モニタ復帰
13  DATA:   .DATA.W   10,20,30,40,50
14  SUM:    .RES.W    1
15          .END
```

4.6 入出力ポートを操作するプログラム

2章で紹介したとおり，H8マイコンは豊富な周辺機能をもっています。なかでも汎用入出力ポート（以下入出力ポートという）は，制御に欠かすことのできない基本的な機能です。

H8マイコンの周辺機能の制御やデータの入出力は，メモリ領域の内蔵I/Oレジスタでします。このようにI/Oレジスタ用の独立した領域をもたず，メモリ領域の一部を割り付ける方法を，**メモリ・マップドI/O**（memory mapped Input or Output）と呼びます。

4.6.1 ポートからの入出力

ここで入出力ポートを扱うためのプログラムを考えてみます。

● 例5

実験ボードのDIPスイッチを常に監視し，DIPスイッチから入力された8ビットデータの，上位4ビットを反転したものをLEDに表示します。

3章の実験ボードで，DIPスイッチはポート5に接続されています。したがって，DIPスイッチからの信号を入力するときには，ポート5を読み取ります。また，LEDはポート8に接続されているので，ポート8に書き込まれたデータがLEDに表示されます。

周辺装置を使うときには，データの入出力をする以前に**イニシャライズ**（initialize：**初期設定**）をします。ポートの入出力設定は，ポートコントロールレジスタでします。ポートコントロールレジスタのビットを0とすると，対応するビットが入力，1とすると対応するビットが出力になります。

ポートのデータの入出力は，ポートデータレジスタでします。ポートデータレ

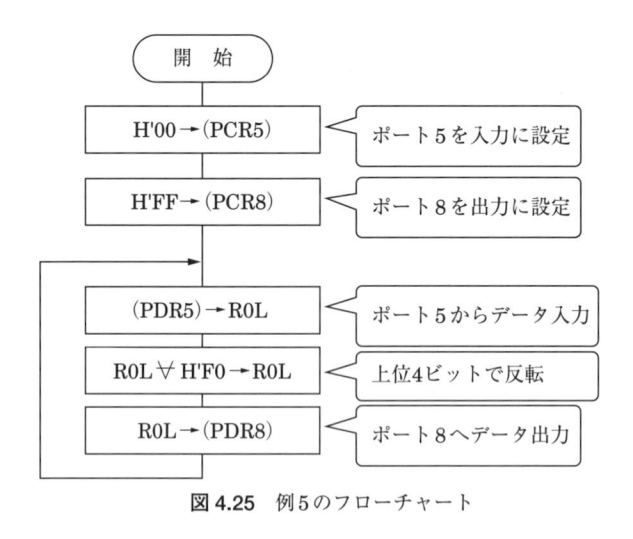

```
         開 始
           │
   H'00 → (PCR5)        ← ポート5を入力に設定
           │
   H'FF → (PCR8)        ← ポート8を出力に設定
           │
  ┌────────┤
  │   (PDR5) → R0L      ← ポート5からデータ入力
  │        │
  │  R0L ∀ H'F0 → R0L   ← 上位4ビットで反転
  │        │
  │   R0L → (PDR8)      ← ポート8へデータ出力
  │        │
  └────────┘
```

図 4.25 例5のフローチャート

ジスタの内容を読むと，その時点でのポートの状態が入力され，ポートデータレジスタに値を書くと，ポートにそのデータが保持されます。

例5のフローチャートを，図4.25に示します。

リスト4.6に，例5のプログラムを示します。

リスト4.6 exp05.src

```
1    ; exp05.src
2           .CPU      300HN
3    PCR5:  .EQU      H'FFE8      ; ポートコントロールレジスタ5
4    PDR5:  .EQU      H'FFD8      ; ポートデータレジスタ5
5    PCR8:  .EQU      H'FFEB      ; ポートコントロールレジスタ8
6    PDR8:  .EQU      H'FFDB      ; ポートデータレジスタ8
7           .SECTION ROM,CODE,LOCATE=H'F780
8           XOR.B     R0L,R0L     ; 0->R0L
9           MOV.B     R0L,@PCR5   ; R0L->(PCR5)
10          MOV.B     #H'FF,R0L   ; H'FF->R0L
11          MOV.B     R0L,@PCR8   ; R0L->(PCR8)
12   LOOP:  MOV.B     @PDR5,R0L   ; (PDR5)->R0L
13          XOR.B     #H'F0,R0L   ; R0L XOR H'F0->R0L
14          MOV.B     R0L,@PDR8   ; R0L->(PDR8)
15          BRA       LOOP        ; LOOPへ
16          .END
```

3行目から6行目の**.EQU命令**は，特定の番地に名前を付けるアセンブラ制御命令です。例えば3行目の

```
PCR5:   .EQU    H'FFE8
```

では，FFE8番地（16進数）をPCR5と名前付けします。このようにプログラムの先頭部分で，I/Oレジスタの番地を名前として定義することで，以降はI/Oレジスタを名前で扱うことができ，プログラムがわかりやすくなります。

各I/Oレジスタへのアクセスは，他のメモリと同様にMOV命令でします。

4.6.2 ビット操作命令

H8/300H CPUは，強力な**ビット操作命令**を備えています。入出力ポートを用いた制御では，ビットごとに入出力をすることが多くあります。

表4.11 ビット操作命令

機能	命令	サイズ	操作内容	\multicolumn{5}{c}{コンディションコード}
				I	H	N	Z	V	C
ビットセット	BSET	B	(ビット指定)←1	−	−	−	−	−	−
ビットクリア	BCLR	B	(ビット指定)←0	−	−	−	−	−	−
ビット反転	BNOT	B	(ビット指定)←~(ビット指定)	−	−	−	−	−	−
ビットテスト	BTST	B	(ビット指定)→Z	−	−	−	↕	−	−
ビット転送	BLD	B	(ビット指定)→C	−	−	−	−	−	↕
	BILD	B	~(ビット指定)→C	−	−	−	−	−	↕
	BST	B	C→(ビット指定)	−	−	−	−	−	−
	BIST	B	~C→(ビット指定)	−	−	−	−	−	−
ビット論理積	BAND	B	C∧(ビット指定)→C	−	−	−	−	−	↕
	BIAND	B	C∧~(ビット指定)→C	−	−	−	−	−	↕
ビット論理和	BOR	B	C∨(ビット指定)→C	−	−	−	−	−	↕
	BIOR	B	C∨~(ビット指定)→C	−	−	−	−	−	↕
ビット排他的論理和	BXOR	B	C∀(ビット指定)→C	−	−	−	−	−	↕
	BIXOR	B	C∀~(ビット指定)→C	−	−	−	−	−	↕

● 例6

実験ボードのDIPスイッチ（図4.26）を常に監視し，DIPスイッチのビット0がON(1)のときにはLEDを8ビットすべて点灯させ，OFF(0)のときにはLEDを8ビットすべて消灯します。

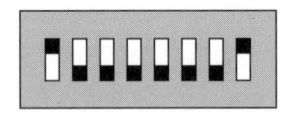

図4.26 実験ボードのDIPスイッチ

また，DIPスイッチのビット7がONのときは処理を続けるが，OFFにするとプログラムを終了します。

リスト4.7 exp06.src

```
1    ; exp06.src
2           .CPU    300HN
3    PCR5:  .EQU    H'FFE8      ; ポートコントロールレジスタ5
4    PDR5:  .EQU    H'FFD8      ; ポートデータレジスタ5
5    PCR8:  .EQU    H'FFEB      ; ポートコントロールレジスタ8
6    PDR8:  .EQU    H'FFDB      ; ポートデータレジスタ8
7    DIPSW0: .BEQU  0,PDR5      ; DIPスイッチビット0
8    DIPSW7: .BEQU  7,PDR5      ; DIPスイッチビット7
9           .SECTION ROM,CODE,LOCATE=H'F780
10          XOR.B   R0L,R0L     ; 0->R0L
11          MOV.B   R0L,@PCR5   ; R0L->(PCR5)
12          MOV.B   #H'FF,R0L   ; H'FF->R0L
13          MOV.B   R0L,@PCR8   ; R0L->(PCR8)
14   LOOP:  XOR.B   R0L,R0L     ; 0->R0L
15          BTST    DIPSW0      ; DIPSW0のビットテスト
16          BEQ     LEDOUT      ; もし(DIPSW0)=0ならばLEDOUTへ
17          NOT.B   R0L         ; ‾R0L->R0L
18   LEDOUT: MOV.B  R0L,@PDR8   ; R0L->(PDR8)
19          BTST    DIPSW7      ; DIPSW7のビットテスト
20          BNE     LOOP        ; もし(DIPSW7)=0ならばLEDOUTへ
21          .END
```

リスト4.7の7行目と8行目の**.BEQU命令**は，特定のビットに名前を付けるアセンブラ制御命令です。ここで定義されたビット名は，ビット操作命令で使うことができます。7行目の

```
DIPSW0: .BEQU    0,PDR5
```

では，ポートデータレジスタ5（PDR5）のビット0に，DIPSW0と名前を付けます。

15行目と19行目の**BTST**（Bit TeST）**命令**は，ビットの状態を調べて結果をCCRのZ（ゼロ）フラグに反映します。15行目と16行目の

4.6 入出力ポートを操作するプログラム 107

```
        BTST    DIPSW0
        BEQ     LEDOUT
```

では，ビット DIPSW0 の状態を調べ (BTST 命令)，もし 0 であるならば LED OUT へ分岐する (BEQ 命令) となります。

4.6.3 シフト・ローテート命令

特別なビット操作に**シフト** (shift) があります。シフトは図 4.28 のように，ビット列を桁移動します。ビット列を数として見ると，左に 1 ビットすると値が 2 倍に，右に 1 ビットすると値が 2 分の 1 になります。H8 マイコンには，表 4.12 のようなシフト命令があります。

図 4.28 左に 1 ビットシフト

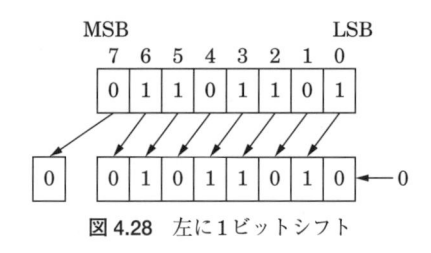

表 4.12 シフト・ローテート命令

機能	命令	サイズ	操作内容	コンディションコード					
				I	H	N	Z	V	C
算術シフト	SHAL	BWL	(図4.29(a)を参照)	−	−	↕	↕	↕	↕
	SHAR	BWL	(図4.29(b)を参照)	−	−	↕	↕	0	↕
論理シフト	SHLL	BWL	(図4.30(a)を参照)	−	−	↕	↕	0	↕
	SHLR	BWL	(図4.30(b)を参照)	−	−	↕	↕	0	↕
ローテート	ROTL	BWL	(図4.31(a)を参照)	−	−	↕	↕	0	↕
	ROTR	BWL	(図4.31(b)を参照)	−	−	↕	↕	0	↕
キャリ付きローテート	ROTXL	BWL	(図4.31(c)を参照)	−	−	↕	↕	0	↕
	ROTXR	BWL	(図4.31(d)を参照)	−	−	↕	↕	0	↕

(1) 算術シフト

算術シフトはデータを符号付き2進数としてシフトします。**SHAL**（SHift Arithmetic Left）命令は，レジスタの内容を左に1ビット算術シフトします。あふれ出たビットはCCRのC（キャリ）フラグに入り，ビット0には0が入ります。

SHAR（SHift Arithmetic Right）命令は，レジスタの内容を右に1ビット算術シフトします。あふれ出たビットはCCRのC（キャリ）フラグに入り，最上位のビットには，以前の最上位のビットが入ります。シフト後の符号変化は起こりません。

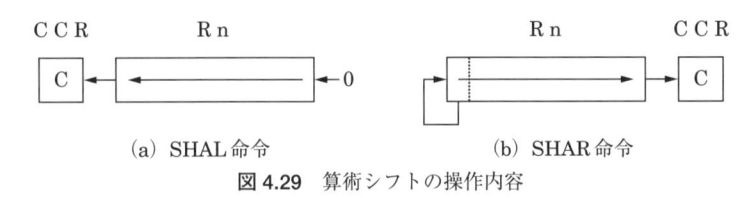

(a) SHAL命令　　　　　(b) SHAR命令

図4.29　算術シフトの操作内容

(2) 論理シフト

論理シフトはデータをただのビット列としてシフトします。**SHLL**（SHift Logical Left）命令は，レジスタの内容を左に1ビット論理シフトします。**SHLR**（SHift Logical Right）命令は，レジスタの内容を右に1ビット論理シフトします。SHAL命令とSHLL命令では，V（オーバフロー）フラグの扱いが異なります。

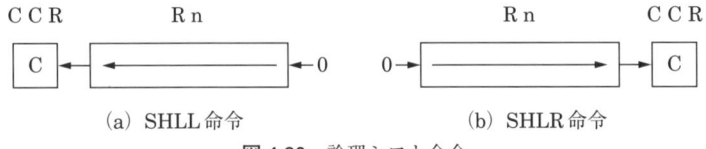

(a) SHLL命令　　　　　(b) SHLR命令

図4.30　論理シフト命令

(3) ローテート

ローテート（rotate）はビット列を循環桁移動します。**ROTL**（ROTate Left）命令はレジスタの内容を左に1ビット，**ROTR**（ROTate Right）命令はレジスタの内容を右に1ビットローテートします。

ローテート命令には，レジスタの内容をC（キャリ）フラグを含みローテートす

るものもあります。**ROTXL**（ROTate with eXtend carry Left）**命令**はレジスタの内容を左に1ビット，**ROTXR**（ROTate with eXtend carry Right）**命令**はレジスタの内容を右に1ビットローテートします。

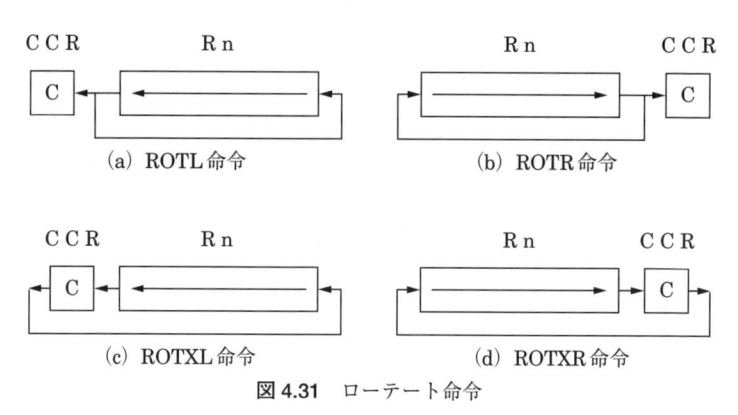

(a) ROTL命令　　(b) ROTR命令

(c) ROTXL命令　　(d) ROTXR命令

図 4.31　ローテート命令

4.7　サブルーチン構成のプログラム

分岐命令には，**サブルーチン分岐**と呼ばれる命令があります。サブルーチンとは，プログラムの中で一定の処理をするところを分けて名前をつけたものです。

プログラムを作っていると，プログラム中に同じような処理が何度も現れるこ

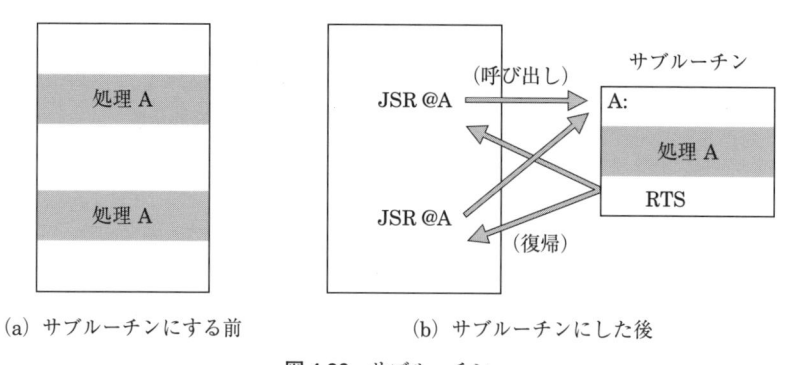

(a) サブルーチンにする前　　(b) サブルーチンにした後

図 4.32　サブルーチン

とがあります（図4.32(a)）。これでは同じ処理を何度も記述しなければならないので，あまり賢いやり方ではありません。そこで，この処理を分離し必要なところで呼び出して処理するようにします（図4.32(b)）。

4.7.1　サブルーチン

それではサブルーチン構成のプログラムを作ってみましょう。

● 例7

次のLEDの表示を繰り返します。

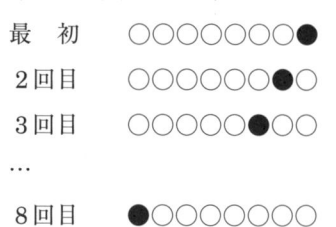

　　　　　最　初　　○○○○○○○●
　　　　　2回目　　○○○○○○●○
　　　　　3回目　　○○○○○●○○
　　　　　…
　　　　　8回目　　●○○○○○○○

このあと最初に戻ります。

マイコンの処理速度は大変高速なので，マイコンのスピードでLEDの表示を変化させても，目で追うことができません。そこでLEDの表示が変わるたびに，時間待ちのサブルーチンを呼び出すことにしました。そのフローチャートを，図4.33に示します。

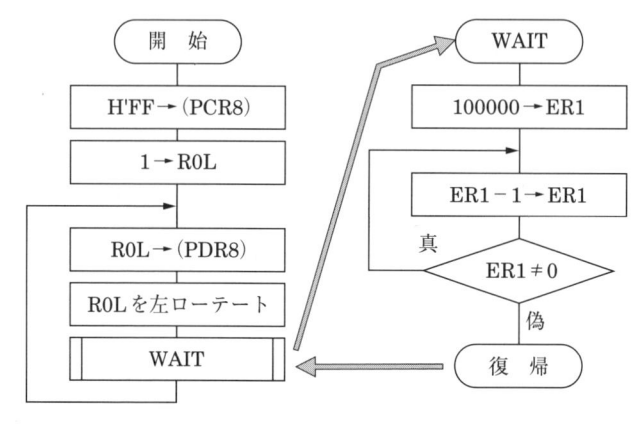

図 4.33　例7のフローチャート

4.7　サブルーチン構成のプログラム　111

図4.33のように，サブルーチンは独立したフローチャートで表します。サブルーチンWAITは，ER1を使い，100 000回ただ数えるだけの繰り返し処理をすることで，一定の時間を浪費します。

サブルーチンはプログラムの機能単位です。大きく複雑なプログラムを作るときには，最初にプログラムのサブルーチン構成を考えます。大問題を中問題の集まり，中問題を小問題の集まりといった考え方をするのです。このようなプログラム設計の方法を，**構造化プログラミング**（structured programming）といいます。

例7のプログラムをリスト4.8に示します。まず，最初に呼び出す側のプログラムを置きます。ここがプログラムの実行開始位置となります。

リスト4.8 exp07.src

```
 1  ;exp07.src
 2          .CPU    300HN
 3  PCR8:   .EQU    H'FFEB      ; ポートコントロールレジスタ8
 4  PDR8:   .EQU    H'FFDB      ; ポートデータレジスタ8
 5          .SECTION ROM,CODE,LOCATE=H'F780
 6          MOV.B   #H'FF,R0L   ; H'FF->R0L
 7          MOV.B   R0L,@PCR8   ; R0L->(PCR8)
 8          MOV.B   #1,R0L      ; 1->R0l
 9  LOOP:   MOV.B   R0L,@PDR8   ; R0L->(PDR8)
10          ROTL.B  R0L         ; R0Lを左ローテート
11          BSR     WAIT        ; WAITを呼び出し
12          BRA     LOOP        ; LOOPへ
13  ; 待機
14  WAIT:   MOV.L   #100000,ER1 ; 100000->ER1
15  WAIT0:  DEC.L   #1,ER1      ; ER1-1->ER1
16          BNE     WAIT0       ; もしER1<>0ならばWAIT0へ
17          RTS                 ; 復帰
18          .END
```

11行目の

```
    BSR     WAIT
```

は，サブルーチンWAITの呼び出しです．**BSR命令**はサブルーチン分岐命令で，この命令が実行されると，サブルーチンにプログラム制御が移ります．

サブルーチンの処理後，呼び出されたプログラムへ返る命令が，**RTS命令**です．17行目の

RTS

が実行されると，呼び出したBSR命令の次の命令（12行目）にプログラム制御が移ります．

4.7.2 スタック

スタック（stack：棚）は，棚に荷物を積み重ねるような仕組みのメモリです．

スタックにデータを入力すると，最上段にデータが記憶されます（図4.34(a)）．また，スタックからデータを出力すると，最上段のデータが取り出されます（図4.34(b)）．このようなデータの操作方法を，**LIFO**（last in first out：後入れ先出し）といいます．

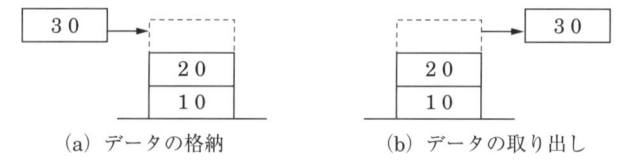

(a) データの格納　　(b) データの取り出し

図4.34　スタック操作

番地付きメモリで，スタックを構成するための特別なレジスタが，**スタックポインタ**SP（stack pointer）です．スタックにデータを記憶するときは，最初にスタックポインタからデータサイズを減じ，続いてスタックポインタの参照するメモリ領域へデータを記憶します．スタックからデータを取り出すときは，スタックポインタの参照するメモリ領域の内容を取り出し，続いてスタックポインタにデータサイズを加えます．このようにスタックポインタは，スタックに記憶されている最上段のデータを常に指しています．

4.7.3 サブルーチンの呼び出しと復帰

サブルーチンを呼び出す命令を，**サブルーチン分岐命令**といいます。H8マイコンのサブルーチン分岐命令には，ブランチ系の**BSR**（Branch to SubRoutine）**命令**とジャンプ系の**JSR**（Jump to SubRoutine）**命令**があります。

また，サブルーチンから元のプログラムに戻る命令として，**RTS**（ReTurn from Subroutine）**命令**があります。BSR命令から呼び出されたときでも，JSR命令で呼び出されたときでも，サブルーチンから復帰するときにはRTS命令を使います。

サブルーチンに関連する分岐命令を，表4.13に示します。

表 4.13 サブルーチン分岐命令

機能	命令	操作内容	コンディションコード					
			I	H	N	Z	V	C
サブルーチン分岐	BSR	PC→@-SP, PC←PC+d	−	−	−	−	−	−
	JSR	PC→@-SP, PC←ERn	−	−	−	−	−	−
		PC→@-SP, PC←aa	−	−	−	−	−	−
		PC→@-SP, PC←@aa	−	−	−	−	−	−
サブルーチン復帰	RTS	PC←@SP+	−	−	−	−	−	−

サブルーチン分岐とスタックには深い関わりがあります。サブルーチン分岐命令を含むすべての分岐命令では，プログラムカウンタPCの内容を変えて分岐しますが，その前段階でプログラムカウンタの内容をスタックに記憶しています（図4.35）。サブルーチンから元のプログラムに戻るときには，スタック上のリターン値アドレスをプログラムカウンタに設定します。

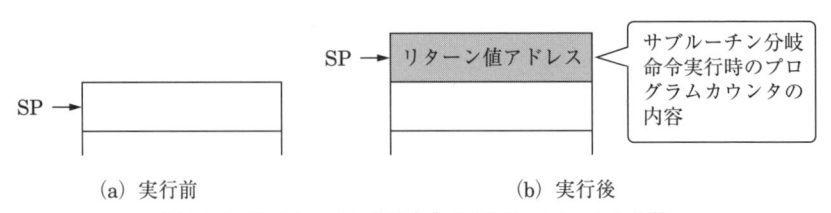

(a) 実行前　　　(b) 実行後

図 4.35 サブルーチン分岐命令の実行とスタックの状態

4.7.4 レジスタの退避と復元

プログラムをサブルーチン構造とし，サブルーチンをブラックボックスとして扱うと，プログラミングが楽になります。ブラックボックスとなったサブルーチンを使うと，その内部構造を考えないでプログラムを作ることができます。あらかじめこのようなサブルーチンを用意することで，複雑なプログラムでも簡単に組めるようになります。

ところが，リスト4.8のサブルーチンWAITは，完全にブラックボックス化しているとはいえません。サブルーチンWAITは一定時間の待機をしますが，その処理のためにレジスタER1を使います。つまりサブルーチンWAITを呼び出すと，レジスタER1の内容は破壊されます。そのことを知らないでプログラムを組むと，ひどい目に遭います。

このままだと不便なので，サブルーチンWAITを呼び出してもレジスタの内容が破壊されないようにしたものが，リスト4.9です。サブルーチンの前段階でレジスタの内容をスタックに退避させ，サブルーチンの最後でスタックからレジスタの内容を復元します。

リスト4.9 サブルーチンWAITの改良

```
1       ; 待機
2  WAIT:   PUSH.L  ER1             ; ER1の退避
3          MOV.L   #100000,ER1     ; 100000->ER1
4  WAIT0:  DEC.L   #1,ER1          ; ER1-1->ER1
5          BNE     WAIT0           ; もしER1<>0ならばWAIT0へ
6          POP.L   ER1             ; ER1の復元
7          RTS                     ; 復帰
```

レジスタの退避と復元には，**PUSH**（PUSH data）命令と**POP**（POP data）命令を使います（表4.14）。

表4.14 スタック操作命令

機能	命令	サイズ	操作内容	コンディションコード					
				I	H	N	Z	V	C
スタック退避	PUSH	WL	Rn→@-SP	-	-	↕	↕	0	-
スタック復帰	POP	WL	Rn←@SP+	-	-	↕	↕	0	-

リスト4.9のサブルーチンWAITでは，最初にサブルーチン内で使用するレジスタの内容を，スタックに退避しています。2行目のPUSH命令，

```
PUSH.L ER1
```

で，レジスタER1の内容がスタックに記憶されます。

サブルーチンの処理後，スタックに退避したレジスタの内容を復元します。6行目のPOP命令

```
POP.L ER1
```

で，スタックからレジスタER1へデータを戻しています。

5.

モータの駆動と制御

　この章では，DCモータやステッピングモータなどといった比較的小型のモータを，マイコンで制御するための技術を解説します。

　情報処理を目的とするマイコンは，大規模なデジタル回路で構成され，その消費電力を抑えるために微弱な電気信号で動作しています。そのためマイコンで直接モータを駆動(ドライブ)することはできません。ここではマイコンの電気信号で，モータを回す方法を示します。

5.1　スイッチ回路とスイッチ素子

　写真5.1は町の模型店でよく見かけるモータで，(株)マブチが製造しているFA-130モータです。モータの2本のリード線に電池をつないで電流を流すとモータは回転します。

　モータが回転するかしないかだけの制御であれば，図5.1のようにスイッチ1

写真 5.1　マブチモータ(FA-130)

つの簡単な回路でできますが，問題はどうやってマイコンの信号でスイッチを開閉するかです．そこでマイコン制御では，パワートランジスタやパワーMOS FETなどをスイッチとして使います．

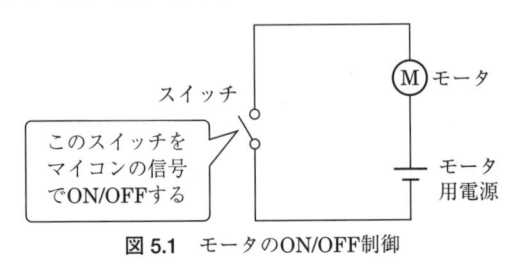

図 5.1　モータのON/OFF制御

5.1.1　パワートランジスタ

トランジスタは電子回路の最も基本となる素子で，半導体で作られます．今日の電子技術の発展は，トランジスタの発明(1948年，米国ベル研究所のショックレイによる)から始まります．

写真5.2は，筆者が工作によく使うトランジスタです．写真のようにトランジスタは3本足の電子部品で，各端子には，**ベース**，**コレクタ**，**エミッタ**と名前がついています．

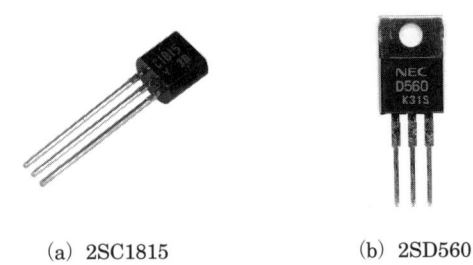

(a) 2SC1815　　　(b) 2SD560
写真 5.2　筆者がよく使うトランジスタ

左の**2SC1815**は低周波増幅用のトランジスタで，ラジオのキットなどに使われています．2SC1815はとても有名なトランジスタで，多くの書籍で紹介されているので，名前を覚えておくとよいでしょう．

ここで紹介するパワートランジスタは，右の**2SD560**で，小型モータなどのス

イッチ制御に用います。

　トランジスタは半導体の構成によって，pnp型とnpn型の2種類あります。トランジスタの名称が2SAまたは2SBではじまるものが**pnp型トランジスタ**，2SCまたは2SDではじまるものが**npn型トランジスタ**です。

　図5.2がトランジスタの図記号で，エミッタの矢印がトランジスタに流れる電流の向きを示しています。pnp型トランジスタではエミッタからベースに，またエミッタからコレクタに電流を流し，npn型トランジスタではベースからエミッタに，またコレクタからエミッタに電流を流します。一般的にはnpn型トランジスタのほうがよく使われ，種類も豊富です。

(a) pnp型トランジスタ　　　(b) npn型トランジスタ

図 5.2　トランジスタの図記号

　トランジスタをスイッチとして使うのは，トランジスタの**増幅作用**によります。トランジスタは増幅作用によって，ベースに流す電流の数十倍から数百倍の電流がコレクタに流れます。このトランジスタの特性から，ベース電流によってコレクタ電流を制御することが可能です。

　図5.3はトランジスタを使ってモータをON/OFFする回路です。ベースにモータをON/OFFする制御信号を入力し，コレクタに出力となるモータをつなぎます。エミッタは入力と出力の共通端子になるので，エミッタ接地回路と呼びます。いま，制御スイッチをONにし，トランジスタのベースに小さい電流を流すと，コレクタに大きい電流が流れモータが回転します。

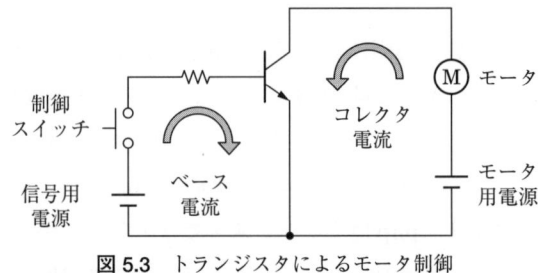

図 5.3　トランジスタによるモータ制御

5.1.2　パワーMOSFET

最近，スイッチ素子としてよく使われるのが**パワーMOS FET**です。パワーMOS FETはパワートランジスタと比べ，スイッチとしてのON抵抗が小さいので，エネルギー損失が少なく部品を小型化できます。

トランジスタが電流制御のスイッチならば，**FET**は電圧制御のスイッチです。FETには**ゲート，ドレイン，ソース**の3つの端子があります。FETはゲートーソース間に加える電圧によって，ドレインーソース間に流れる電流を制御します。

図5.4にその特性を示しますが，FETはゲート電圧が0のとき電流が流れる**ディスプリーション型**と，ゲート電圧が0のとき電流が流れない**エンハンスメント型**に分類されます。スイッチ素子としてはエンハンスメント型のパワーMOS FETを使います。図5.5はその図記号です。

図5.6はパワーMOS FETを使ったモータのドライブ回路で，マイコンの出力ポートから出力された信号でモータを回転／停止します。

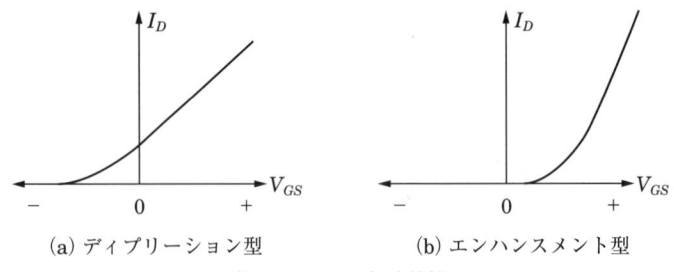

(a) ディプリーション型　　(b) エンハンスメント型

図 5.4　FETの伝達特性

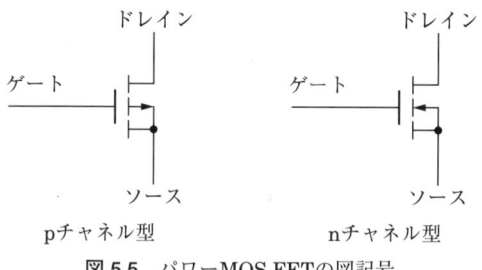

図 5.5 パワーMOS FETの図記号

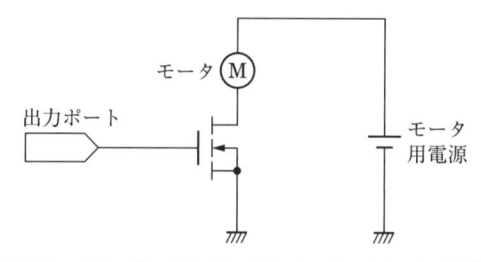

図 5.6 パワーMOS FETによるモータのドライブ回路

5.1.3 リレー

リレーは，図5.7のように電磁コイルと接点スイッチを組み合わせて構成されています．電磁コイルに電流を流すと磁力によって接極子を吸引します．そしてスイッチが開閉されます．電磁コイルのON状態で閉じる接点を**a接点**，開く接点を**b接点**と呼びます．

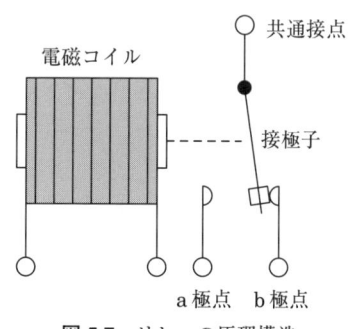

図 5.7 リレーの原理構造

リレーを使う一番の利点は、制御回路と負荷回路が電気的に独立していることです。例えばマイコンなどのデジタル信号で、商用交流100Vの負荷を制御したいときには、まずリレーを考えます。

リレーの欠点は、スイッチに機械的接点をもつことです。そのため寿命が短くなったり、ノイズの発生などの問題があります。また、高速のパルス制御はできません。このような問題を解消するために、最近のリレーでは回路の開閉に半導体による無接点スイッチを用いたものもあります。

図5.8は、マイコンの信号でリレーを使う回路です。界磁コイルの励磁電流は出力ポートから直接取ることはできません。そこでトランジスタで増幅して、リレーの界磁コイルを駆動します。

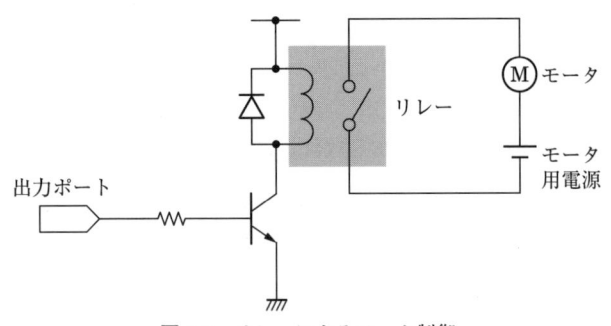

図 5.8 リレーによるモータ制御

5.2 トランジスタによるスイッチ回路の設計

マイコン制御では、多くの場合、トランジスタを使ってマイコンの信号を増幅し、負荷をドライブします。ここで回路の設計方法を説明します。

5.2.1 デジタルICのドライブ能力

トランジスタの話の前に、汎用デジタルICの端子から、どのくらいの電流を出力できるか調べてみます。

図5.9(a)は3章の実験ボードに使ったLEDの点灯回路です。この回路ではNOT回路の出力が0(Low)になると，出力端子に電流が流れ込んでLEDが点灯します(吸込み動作)。今度は，LEDと抵抗をつなぎ換えて，図5.9(b)の回路を作りました。この回路ではNOT回路の出力が1(High)になると，出力端子から電流が流れ出してLEDが点灯します(吐出し動作)。

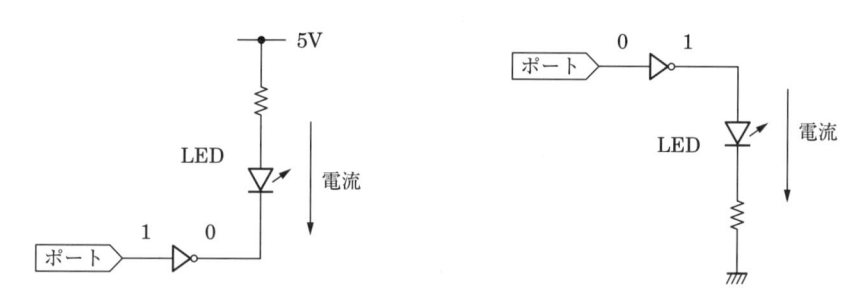

(a) 流れ込む電流で点灯する回路　　(b) 流れ出す電流で点灯する回路
図 5.9　デジタルICによるLEDの点灯回路

このように回路の構成によって，デジタルICの出力端子に流れる電流の方向が決まります。

デジタルICの出力が0(Low)であるとき，端子の電位が下がるため，端子に電流I_{OL}(Low Level Output Current)が流れ込みます。反対に，デジタルICの出力が1(High)であるとき，端子の電位は高くなるので，端子から電流I_{OH}(High Level Output Current)が流れ出します。この2つの電流のリミットを表5.1に示します。

表 5.1　7404の出力電流(リミット)

種類	I_{OL} (mA)	I_{OH} (mA)
7404	16	0.4
74LS04	8	0.4
74HC04	4	4

表5.1のとおり，デジタルICのドライブ能力は数mAです。せいぜい1つのLEDを点灯させることしかできません。TTLの場合，流し込み電流のほうが大きくなっています。したがって，図5.9の2つの回路では(a)のほうが余裕のある回路といえます。

デジタルICのドライブ能力を高めるときには，図5.10(a)のようにトランジスタを使います。また，図5.10(b)のように複数のゲートを並列接続することもあります。

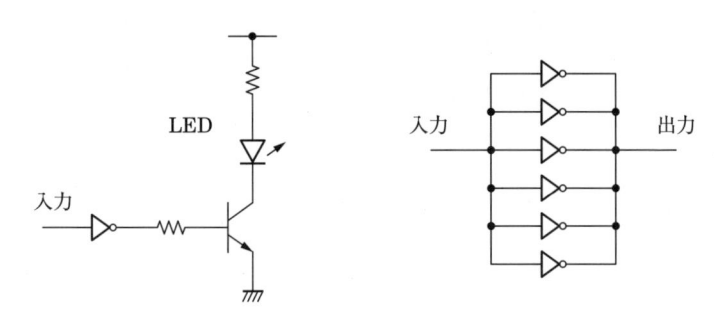

　　　　(a) トランジスタで増幅　　　　　　(b) ゲートの並列接続
　　　　　　図5.10　デジタルICのドライブ能力を高める回路

5.2.2　トランジスタの静特性

トランジスタの回路は，ベース，エミッタ，コレクタのうち，どれか1つを共通端子として構成します。そのうち，最もよく使われる回路構成が図5.11の**エミッタ接地回路**です。ここでトランジスタをスイッチとして使うために，知っておかなければならない特性を調べてみます。

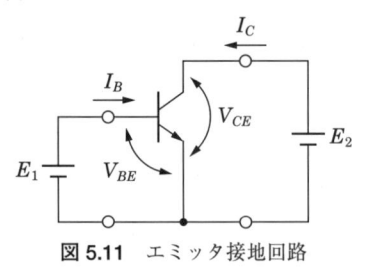

図5.11　エミッタ接地回路

(1) I_B-I_C特性

エミッタ接地回路では，ベースに流す電流によって，コレクタに流れる電流を制御します。それを調べるのがI_B-I_C特性です。

図5.11で，E_2を一定に保ちベース電流I_Bを変化に対するコレクタ電流I_Cの変化を見ます。結果のグラフが図5.12です。

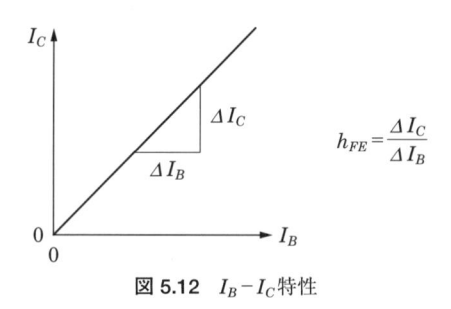

$$h_{FE} = \frac{\Delta I_C}{\Delta I_B}$$

図5.12 I_B-I_C特性

ここから，コレクタ電流I_Cはベース電流I_Bに比例することがわかります。式で表すと，

$$I_C = h_{FE} \cdot I_B \tag{5.1}$$

となります。比例定数のh_{FE}は，トランジスタのパラメータの1つで，**電流増幅率**といいます。h_{FE}の大きさはトランジスタによって異なりますが，およそ数十から数百の値です。つまりコレクタには，ベース電流の数十倍から数百倍の電流が流れることになります。

(2) V_{BE}-I_B特性

トランジスタの入力特性を調べます。図5.11で，E_2を一定に保ちベース－エミッタ間電圧V_{BE}の変化に対するベース電流I_Bの変化を見ます。結果のグラフが図5.13です。ご覧のとおりV_{BE}がおよそ0.6Vを越えたところからI_Bが流れ出しています。つまりベースに電流が流れているとき，トランジスタのベース－エミッタ間には，およそ0.6Vの電圧降下があります。

図 5.13 $V_{BE}-I_B$ 特性

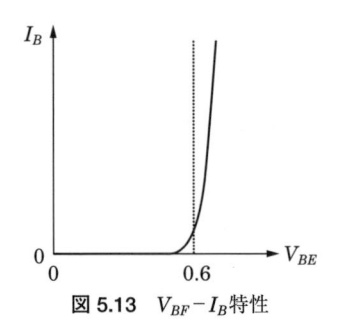

5.2.3 トランジスタによるスイッチ回路の計算

図 5.14 は抵抗 R_a の負荷に加える電圧 V_s を ON/OFF するスイッチ回路です。ここで，各部の状態を計算で求めてみましょう。

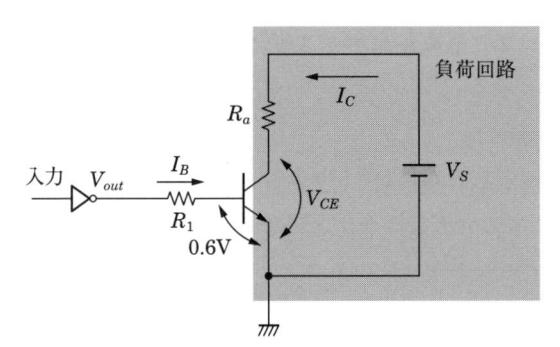

図 5.14 トランジスタによるスイッチ回路

(1) 負荷回路の計算

まず負荷の回路に着目します。負荷回路の各部の電圧は，

$$V_s = R_a \cdot I_c + V_{CE} \tag{5.2}$$

（電源電圧）（負荷の電圧）（トランジスタの電圧）

となり，電源電圧 V_s は負荷とトランジスタで分圧されます。ここでトランジスタの ON 状態とは，トランジスタの電圧降下 V_{CE} が零になり，電源電圧 V_s のエ

ネルギーがすべて負荷で消費されるときをいいます。

(2) ベース電流の計算

次に，ベース電流と負荷回路を関係を調べます。式5.2に式5.1を代入すると，

$$V_s = R_a \cdot h_{FE} \cdot I_B + V_{CE} \tag{5.3}$$

になり，つづいて I_B と V_{CE} の関係は

$$V_{CE} = V_s - R_a \cdot h_{FE} \cdot I_B \tag{5.4}$$

となります。

図5.15は I_B に対する V_{CE} と I_C をグラフで表したものです。I_B を零から少しずつ大きくしていくと，比例して I_C が増加します。それに伴い V_{CE} は減少していき，やがて零になります（ここまで活性領域）。V_{CE} が零になったときがトランジスタのON状態です。さらに I_B を大きくしても，V_{CE} と I_C は変化しません（飽和領域）。

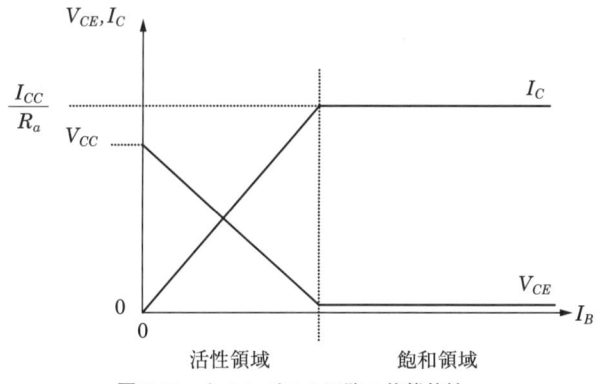

図 5.15 トランジスタ回路の状態特性

トランジスタをスイッチとして使うには，トランジスタが飽和状態になるように I_B を流します。このときの I_B は

$$I_B = \frac{V_{CC}}{h_{FE} \cdot R_a} \tag{5.5}$$

で求めることができますが，トランジスタを確実にONとするために，実際は数倍の I_B を流します。

(3) 入力回路の計算

最後に，入力側の回路を見ます．デジタル回路の出力が1 (High) のときの電圧を V_{OH} とすると

$$V_{OH} = R_1 \cdot I_B + 0.6 \tag{5.6}$$

となります．式5.6を変形し，I_B は

$$I_B = \frac{V_{OH} - 0.6}{R_1} \tag{5.7}$$

で求めることができます．

式 (5.7) で I_B が十分流れ，トランジスタが飽和状態となるように R_1 を設定します．ここで V_{OH} の値ですが，デジタル回路の出力が1 (High) であるときの電圧は約3Vから5Vと幅があります．ですから，V_{OH} は最低値の3Vとして計算します．

5.2.4　トランジスタの選び方

トランジスタは電子回路の最も基本的な素子ですが，各種の用途に応じるためたくさんの種類があります．例えばパワートランジスタと呼ばれるものであっても，オーディオ用とスイッチ用では特性が異なります．

トランジスタの性能を現す特性はいくつかありますが，すべてを知る必要はありません．表5.2に，トランジスタをスイッチとして使うために考慮すべき特性を示しました．これらの特性の意味を知ることで，トランジスタの効果的な選定ができます．

表5.2　2SC1815と2SD560の定格

項　目		2SC1815	2SD560
コレクタ最大電流：I_C		0.15A	5.0A
コレクタ最大電圧 (ベース開放時)：V_{CEO}		50V	100V
コレクターエミッタ間飽和電圧：$V_{CE(\text{sat})}$		0.25V	0.9V
直流電流増幅率：h_{FE}	最小：min	70	2000
	最大：max	700	15000
メーカの推奨する用途		低周波増幅用	低速スイッチング用
外形		TO-92型	TO-220AB型
製造メーカ		東芝など	NECなど

(1) コレクタ最大電流：I_C

コレクタに流すことができる電流の最大値です．I_Cに限らずトランジスタの最大定格は，瞬時といえども超えてはいけません．最悪の場合，電子回路を破壊してしまいます．最大定格に余裕があるようにトランジスタを選びましょう．

(2) コレクタ最大電圧(ベース開放時)：V_{CEO}

コレクタ－エミッタ間電圧V_{CE}について，入力となるベースに何も接続しない(オープン)ときの最大値です．この定格を超えてトランジスタを使用すると，急激にコレクタ電流が流れてしまいます(**なだれ現象**)．

(3) コレクターエミッタ間飽和電圧：$V_{CE(\text{sat})}$

トランジスタが飽和状態にあるとき，コレクタ－エミッタ間電圧V_{CE}は零になるのが理想ですが，どうしても少し電圧が残ってしまいます．その電圧がコレクタ－エミッタ間飽和電圧$V_{CE(\text{sat})}$です．

(4) 直流電流増幅率：h_{FE}

前にトランジスタのh_{FE}は数十から数百と書きましたが，2SD560のh_{FE}を調べると数千になっています．これは2SD560の内部に図5.16のように2つのトランジスタがダーリントン接続されて収められているからです．

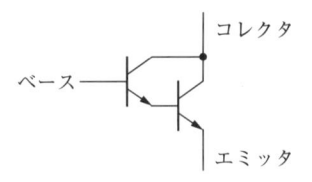

図 5.16　トランジスタのダーリントン接続

通常，マイコンの出力端子から流せる電流はおよそ1mAです．例えば1Aの負荷を駆動するには，1000以上の電流増幅率が必要となります．このようなときにはトランジスタをダーリントン接続して使うか，2SD560のような**ダーリントントランジスタ**を使います．

(5) 外形

トランジスタの外形は，製品に実装するときに重要になります．特にトランジスタが多くの電力を消費し，発熱するような回路を構成するときには，放熱板

（フィン）の付いた外形のものを選びます。

図5.17に2SC1815の外形TO-92型と，2SD560の外形TO-220AB型を示します。

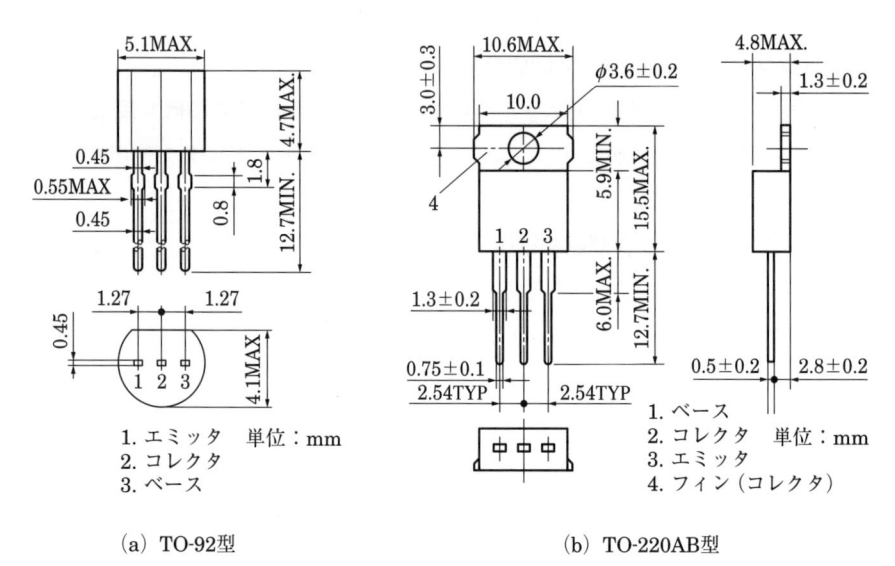

(a) TO-92型

(b) TO-220AB型

図5.17 トランジスタの外形

5.2.5 サージ電流対策

トランジスタなどで高速にインダクタンスを開閉するとき，**サージ電圧**が発生します（図5.18）。リレーやトランス，モータなどの負荷はインダクタンスをも

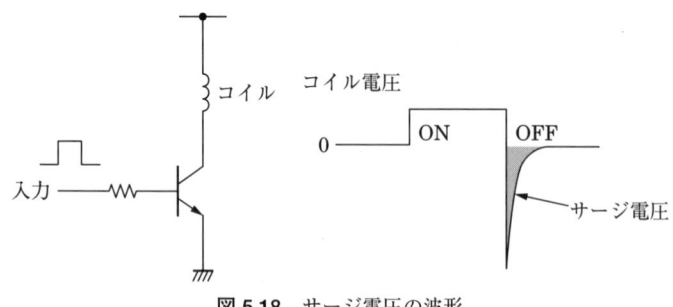

図5.18 サージ電圧の波形

つため，すべてサージ電圧を発生させます。サージ電圧はコイルのインダクタンス，電流値，スイッチング時間によって変わりますが，一般的に定常電圧の10倍から20倍くらいの電圧と考えられます。

サージ電圧はトランジスタの逆方向に電圧が加わるため，トランジスタが破壊されてしまいます。そこで，図5.19のように，コレクター-エミッタ間に逆方向ダイオードを接続してサージ電流を逃がします。また，2SD560のように逆方向ダイオードが内蔵されたトランジスタもあります。

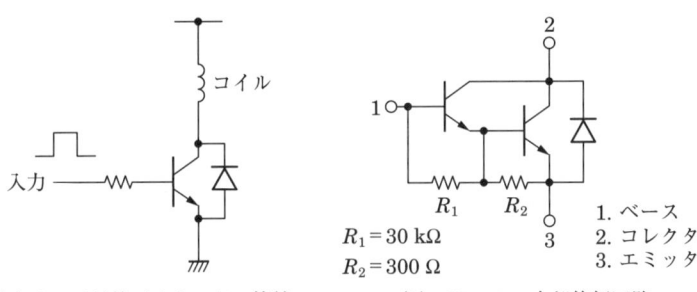

(a) サージ対策ダイオードの接続　　(b) 2SD560の内部等価回路

$R_1 = 30 \text{ k}\Omega$
$R_2 = 300 \text{ }\Omega$

1. ベース
2. コレクタ
3. エミッタ

図 5.19　サージ電圧の対策

5.3　DCモータ

DCモータはその名のとおり直流電源で回転するモータです。すでに前に紹介したマブチモータもDCモータです。DCモータはホビーとして，価格が安い，簡単に入手できる，扱いが容易，小型であるなど魅力的なモータです。

5.3.1　DCモータの構造

マブチモータの金属ケースのつめを開いて分解すると，中から電機子と界磁磁石(永久磁石)が出てきます(写真5.3)。

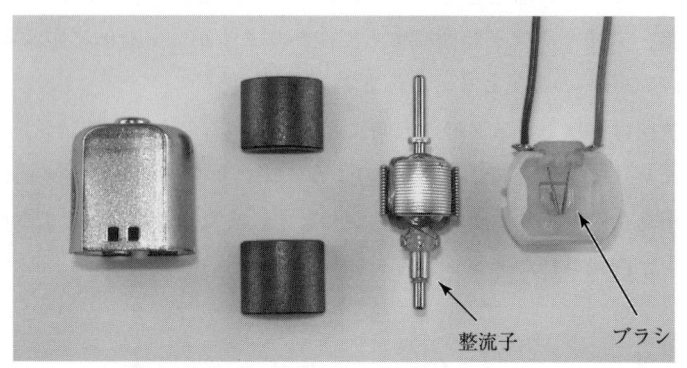

写真 5.3 DCモータの分解

ケース　　永久磁石　　電機子　　整流子　　ブラシ

DCモータの**トルク**(torque：回転力)は，電機子と界磁磁石の間に発生します。(図5.20)。電機子のコイルに電流が流れると磁力が生じ，界磁磁石との間に吸引力や反発力が生じモータは回転します。コイルに生じる磁力は，流れる電流の大きさに比例するので，DCモータは入力電流に比例したトルクを発生します。

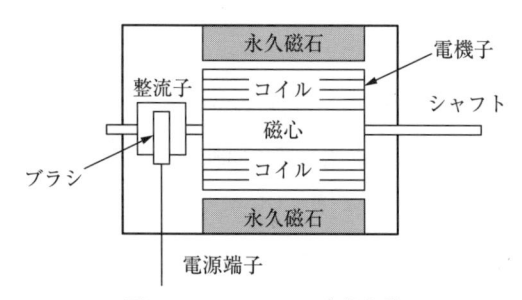

図 5.20　DCモータの各部名称

電機子のコイルには，ブラシと**整流子**(コミュテータ)によって電流が流れます。整流子はコイルに流れる電流の方向を切り換え，つねに回転方向にトルクが生じるような磁界を発生し，連続的にモータが回転します。モータに供給する電流の向きを反対にすると，コイルに生じる磁界の方向が逆転し，モータは逆回転します。

5.3.2　DCモータの電気的特性

今，モータに何も負荷を与えないで，電圧 V を入力し DC モータを起動します。

モータの回転速度を見ると，回転していないところから速度が上がり，ある一定の速度に到達します。この回転速度が無負荷回転速度 N_0 で，モータの最高速度です(図5.21)。今度はモータの消費電流を見ると，起動時に最も電流が多く流れ，速度が上がるにつれて消費電流は減少していきます。そして定速運転に入ると消費電流も一定になります。

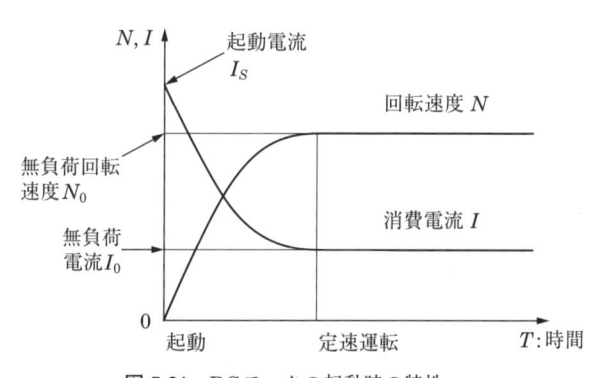

図 5.21　DCモータの起動時の特性

このようにモータの回転に対し消費電流が変わるのは，回転しているモータが発電機としても動作しているからなのです。

図5.22はDCモータに電源電圧 V を加えた場合の等価回路です。R_a は巻線抵

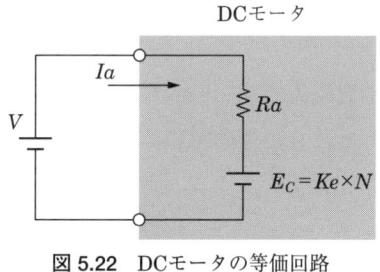

図 5.22　DCモータの等価回路

抗で電機子のコイルの抵抗地です。E_cは逆起電圧で，電源電圧を打ち消す方向に電圧が生じます。E_cはモータの回転速度Nに比例するので

$$E_c = K_e \times N \tag{5.8}$$

で求められます。K_eは逆起電圧定数で，DCモータの構造から決まります。

モータの消費電流I_aは，

$$I_a = \frac{V - E_c}{R_a} \rightarrow I_a = \frac{V - K_e \times N}{R_a} \tag{5.9}$$

で求められます。したがって，回転していないモータの消費電流は，

$$I_0 = \frac{V}{R_a} \tag{5.10}$$

となり，このときモータには，適正値の何倍もの電流が流れます。モータは起動電流I_0といった過剰な電流を長時間流すことができる設計になっていません。例えばモータに重い負荷を与え，モータの回転速度が低いまま運転を続けると，モータは発熱し壊れてしまいます。

5.3.3　DCモータのマイコン制御

マイコンのポート出力でモータをON/OFF制御する回路を考えます。ここではFA-130モータを使います。表5.3にFA-130の性能を示します。

表5.3　FA-130の性能

限界電圧	1.5Vから3.0V	適正電圧	1.5V
適正負荷	0.39mN·m(4.0g·cm)	回転速度	6 400rpm
消費電流	500mA	シャフト径	2.0mm
重　量	18g	外観寸法	25.0×20.1mm

性能は単三乾電池使用にもとづく

ここで注目するのは消費電流です。FA-130の消費電流は500mAですが，モータに負荷トルクが加わったり，起動時にはもっと電流は流れます。ですから，パワートランジスタには，最大コレクタ電流が数倍のものを選びます。図5.23に回路を示します。

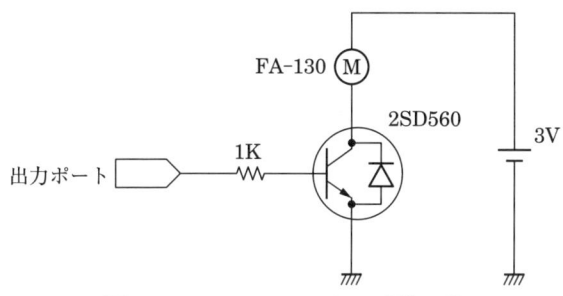

図 5.23 DCモータのマイコン制御回路

5.3.4 ブリッジ駆動回路

ブリッジ駆動回路（図5.24）では，DCモータの正回転／逆回転といった制御ができます。

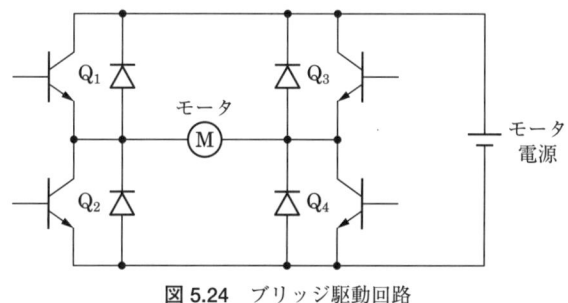

図 5.24 ブリッジ駆動回路

(1) 正回転

構成する4つのトランジスタのうち，Q_1とQ_4の2つをONにすると，

→ モータ電源 → トランジスタQ_1 → モータ → トランジスタQ_4 →

の回路に電流が流れモータが回転します。

(2) 逆回転

今度は，構成する4つのトランジスタのうち，Q_2とQ_3の2つをONにすると，

→ モータ電源 ──→ トランジスタQ_3 ──→ モータ ──→ トランジスタQ_2 ─┐

の回路に電流が流れモータが回転しますが、電流の流れる方向は(1)の逆です。したがってモータは逆回転します。

(3) 停止

構成する4つのトランジスタをすべてOFFにすると、モータは無接続状態になります。

(4) ブレーキ

構成する4つのトランジスタのうち、Q_1とQ_3（またはQ_2とQ_4）の2つをONにすると、モータの端子がショートされます。そこに回転中のモータの逆起電力による電流が流れ、モータの回転と逆方向にトルクが発生するため、モータにブレーキがかかります。

DCモータのブリッジ駆動を簡単にするには、写真5.4のようなブリッジ回路が内蔵されている**ドライバIC**を利用するとよいでしょう。

写真 5.4 ブリッジ駆動ドライバICの例（TA7257P）

5.3.5 DCモータの速度制御

DCモータの回転数を制御するには、DCモータの供給電圧を調整します。いままでトランジスタを飽和状態で使っていたものを、今度はベース電流をアナログ的に調節して、言わばスイッチを半開きにします。すると、モータ用電源の電力がトランジスタで消費され、モータの回転数が低下します。

この方式は、モータに与える影響が少ない利点がありますが、電力効率は悪く、

スイッチ素子の負荷が大きくなります。そこで，トランジスタを高速でON/OFFし，平均的にモータに加える電力を調整する**パルス制御法**が多く使われています。

パルス制御法では，制御パルスの**デューティ比**（OFFの時間とONの時間の比）を調節してモータの供給電力を調整します。この方式では，スイッチ素子の電力消費は著しく軽減されますが，モータのブラシに与える影響が大きく，モータの寿命が短くなります。

5.4 ステッピングモータ

写真5.5は，日本サーボ（株）のステッピングモータ，KH39FM2-801です。**ステッピングモータ**（stepping motor）はパルス信号に同期して回転するモータで，**パルスモータ**とも呼ばれます。ステッピングモータはパルス信号に同期して回転するので，与えるパルスによって回転速度や回転角度を直接コントロールすることができます。

写真 5.5　ステッピングモータ（KH39FM2-801）

5.4.1　ステッピングモータの原理

図5.25は，ステッピングモータの動作を説明するために，ステッピングモータの構造を簡略化したものです。図5.25では永久磁石のロータ（回転体）と，そ

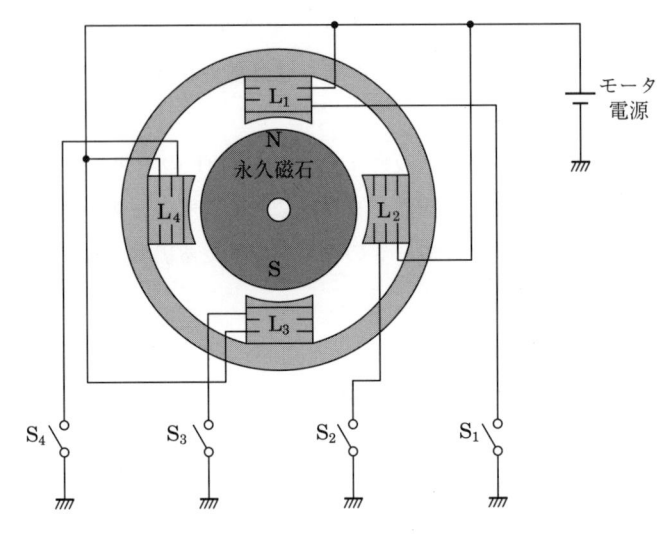

図 5.25　ステッピングモータの原理構造

の周りに4つの駆動コイルがあります。4つの駆動コイルにはスイッチがつながれ，スイッチがONになると駆動コイルに電流が流れ励磁します。ここで4つのスイッチを使って，L_1，L_2，L_3，L_4の順番で駆動コイルを励磁します（図5.26）。すると永久磁石のロータはそれに引かれて1回転します。

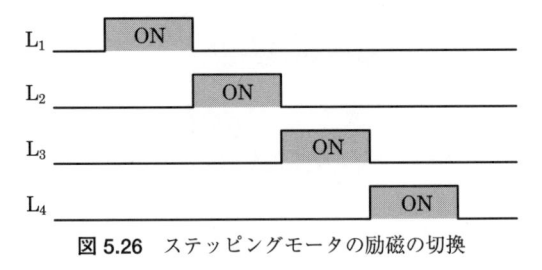

図 5.26　ステッピングモータの励磁の切換

励磁の切換えを早くすると，ロータはそれにしたがって速く回転します。また，励磁の切換える順番を逆にするとロータは逆方向に回転します。このようにステッピングモータは，DCモータのように単に電源を接続するだけでは回転しません。ステッピングモータを回転するためには，パルス発振器や駆動回路が必要です。

5.4.2 ステッピングモータの励磁方式

ステッピングモータは,駆動コイルの相数により2相,3相…といったものがあります。しかし,あまり相数を多くしても制御回路が複雑になったりメリットがないので,ステッピングモータの主流は2相です。

また,ステッピングモータは励磁の仕方で,図5.27のように**バイポーラ駆動**と**ユニポーラ駆動**があります。バイポーラ駆動(図5.27(a))は駆動コイルに双方向に電流を流し,ユニポーラ駆動(図5.27(b))は駆動コイルに中間タップを設けて,一定方向に電流を流します。バイポーラ駆動方式は励磁コイルの効率がよく,特に低回転で強いトルクを発生します。ユニポーラ駆動はバイポーラ駆動に比べて2分の1しか励磁コイルを使いませんが,電流を一定方向に流せばよいので駆動回路が簡単になります。

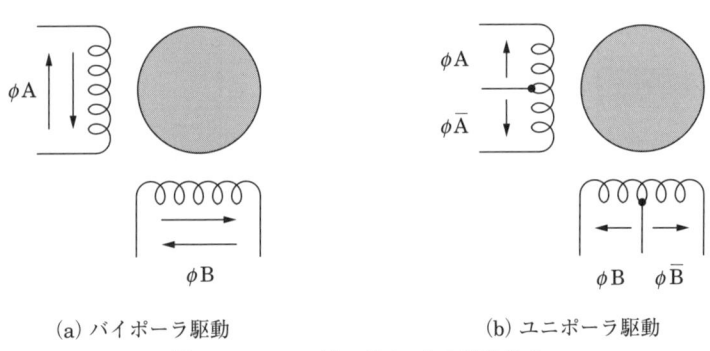

(a) バイポーラ駆動　　　　　　(b) ユニポーラ駆動
図 5.27　ステッピングモータの駆動方式

ステッピングモータはパルス信号に同期して回転するモータですが,パルスの与え方,すなわち励磁方式によってそれぞれ特性が異なります。2相ユニポーラ駆動のステッピングモータには,次の**1相励磁**,**2相励磁**,**1-2相励磁**があります。

(1) 1相励磁

図5.28のように,つねに1つのコイルを励磁するので,1相励磁といいます。他の励磁方式に比べて,電流の消費量が少なくなります。

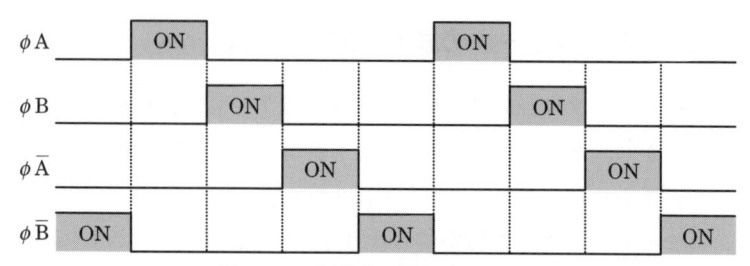

図 5.28　1相励磁の駆動シーケンス

(2) 2相励磁

図5.29のように，つねに2相ずつコイルを励磁するので，2相励磁といいます。1層励磁と比べ2倍電流を消費しますが，出力トルクは大きくなります。

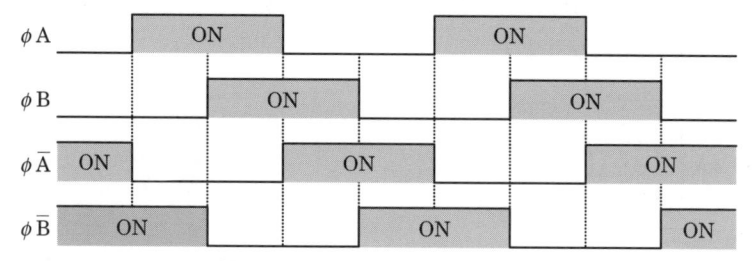

図 5.29　2相励磁の駆動シーケンス

(3) 1-2相励磁

図5.30のように，1相励磁と2相励磁を相互に繰り返します。この励磁方式では，1相励磁や2相励磁に比べステップ角が半分になります。そのため回転はスムーズになります。

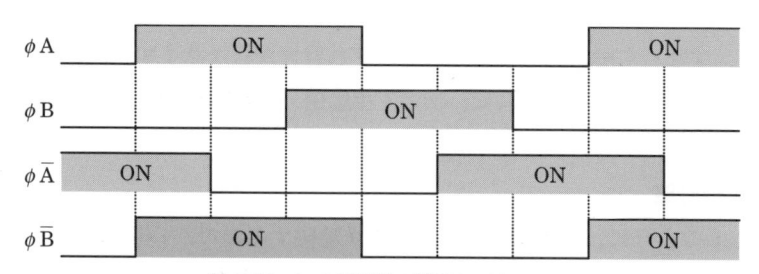

図 5.30　1-2相励磁の駆動シーケンス

5.4.3 ステッピングモータのマイコン制御

それでは実際にステッピングモータを回転させましょう。表5.4にKH39FM2-801の性能を示します。KH39FM2-801は2相ユニポーラステッピングモータで，その結線方法を図5.31に示します。

図5.32は，ステッピングモータの駆動回路です。1相あたり420mAの電流を，

表5.4 KH39FM2-801の性能

ステップ角	1.8deg./step
定格電圧	6.3V
定格電流	0.42A/ϕ
巻線抵抗	15.0Ω/ϕ
巻線インダクタンス	8.5mH/ϕ
最大静止トルク	88mN・m(900gf・cm)
ディテントトルク	9.8mN・m(100gf・cm)
ロータイナーシャ	19g・cm^2

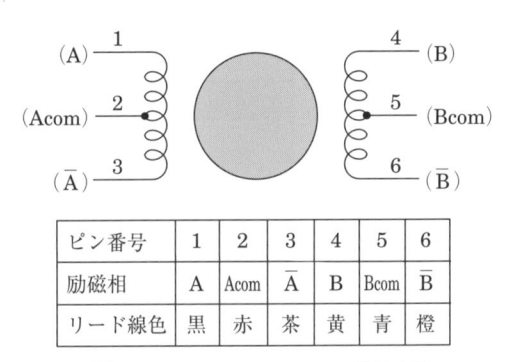

ピン番号	1	2	3	4	5	6
励磁相	A	Acom	$\bar{A}$	B	Bcom	$\bar{B}$
リード線色	黒	赤	茶	黄	青	橙

図5.31 KH39FM2-801の結線方法

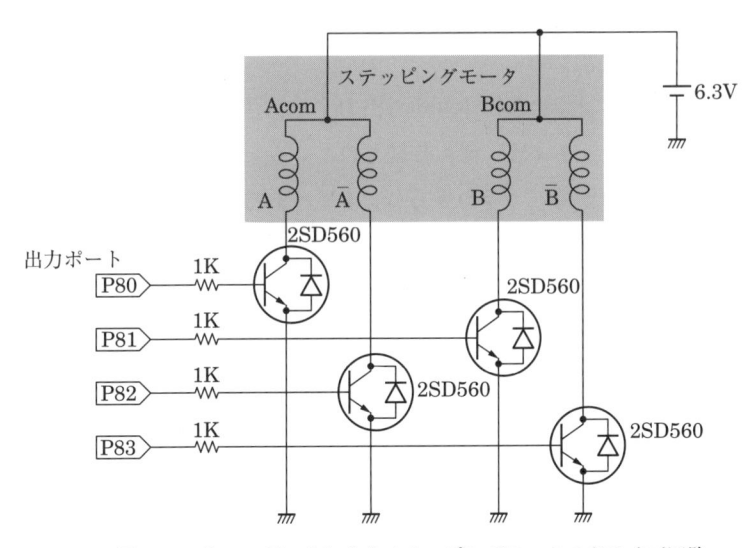

図5.32 トランジスタによるステッピングモータのドライブ回路

5.4 ステッピングモータ

パワートランジスタでスイッチングします．ここで，ステッピングモータを1回転してみましょう．

ステッピンッグモータはパルス信号に同期して回転するモータです．ステッピングモータを回転するために，プログラムでマイコンの出力ポートに適正なパルス信号を出力します（図5.33）．

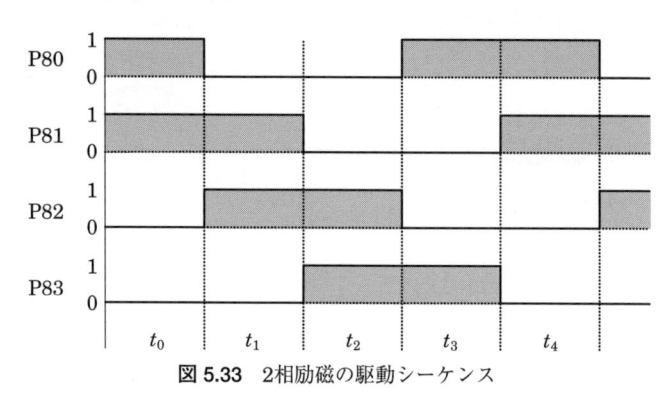

図5.33 2相励磁の駆動シーケンス

ステッピングモータのステップ角とは，1つのパルス出力でロータが回転する角度をいいます．KH39FM2-801のステップ角は1.8度ですから，ロータは200パルスで1回転します．

図5.34は，H8マイコンのポート8から出力する信号を示したものです．ポート8のビット7からビット4は，何も接続されていないものとして，常に0を出力しますが，ビット3からビット0からは，4ビットのビットパターンを順次左ローテートした信号を出力します．図5.35にそのフローチャートを，リスト5.1にプログラムを示します．

	P87	P86	P85	P84	P83	P82	P81	P80	
ポート8	0	0	0	0	0	0	1	1	（初期値）

t_0	0	0	0	0	0	0	1	1	
t_1	0	0	0	0	0	1	1	0	
t_2	0	0	0	0	1	1	0	0	
t_3	0	0	0	0	1	0	0	1	
t_4	0	0	0	0	0	0	1	1	
	（常に0）				（左ローテート）				

図 5.34　直進時の励磁信号の出力

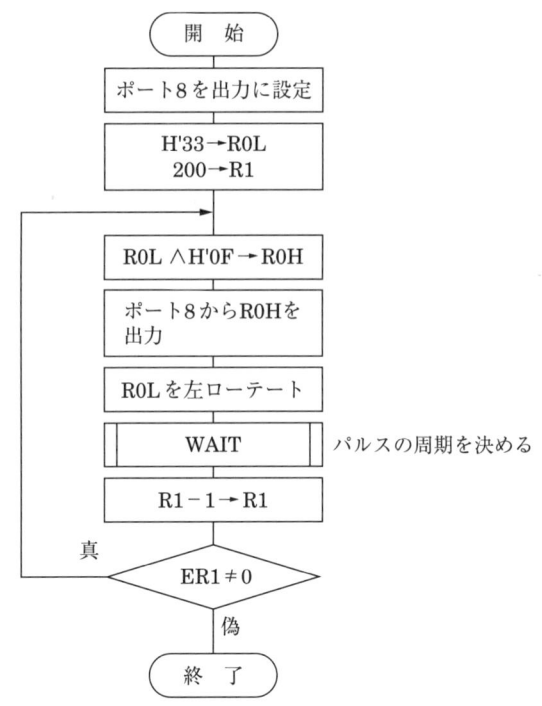

```
           開　始
              │
      ポート8を出力に設定
              │
        H'33 → R0L
        200  → R1
              │
              ▼◄──────────┐
      R0L ∧ H'0F → R0H    │
              │           │
      ポート8からR0Hを       │
      出力                 │
              │           │
      R0Lを左ローテート      │
              │           │
        WAIT         パルスの周期を決める
              │           │
        R1-1 → R1         │
              │           │
    真     ER1 ≠ 0 ───────┘
              │偽
           終　了
```

図 5.35　ステッピングモータを1回転するプログラム

5.4 ステッピングモータ

リスト5.1 motor.src

```
1   ;motor.src
2           .CPU    300HN
3   PCR8:   .EQU    H'FFEB      ;ポート8コントロールレジスタ
4   PDR8:   .EQU    H'FFDB      ;ポート8データレジスタ
5
6           .SECTION ROM,CODE,LOCATE=H'F780
7   ;開始
8           MOV.B   #H'FF,R0L
9           MOV.B   R0L,@PCR8   ;ポート8を出力に設定
10          MOV.W   #200,R1     ;カウンタを50に設定
11          MOV.W   #H'33,R0L   ;2相励磁
12  LOOP:   MOV.B   R0L,R0H
13          AND.B   #H'0F,R0H   ;下位4ビットを出力
14          MOV.B   R0H,@PDR8   ;出力
15          ROTL.B  R0L         ;左ローテート
16          BSR     WAIT
17          DEC.W   #1,R1       ;カウンタから1引く
18          BNE     LOOP        ;0でなければLOOPへ
19          RTS
20  ;待機
21  WAIT:   PUSH.L  ER1         ;ER1の退避
22          MOV.L   #10000,ER1  ;周期を決める値を設定
23  WAIT0:  DEC.L   #1,ER1
24          BNE     WAIT0
25          POP.L   ER1         ;ER1の復元
26          RTS
27          .END
```

6. センサからの入力

マイコン制御によって自動的に動く機械を作るときに，人間の目，耳，鼻，舌，皮膚のように外界の様子を感じて，その信号をマイコンに伝える装置が必要です。センサは光や温度，力といった物理情報や現象をとらえて電気信号に変換します。

センサがとらえる情報はアナログですが，マイコンが処理する情報はデジタルです。したがって，センサがとらえた情報をマイコンに入力するためには工夫が必要です。

6.1 センサとは

センサ(sensor)とは，光，音，温度，磁気，電波，ガス，距離，位置，角度，速度，圧力，振動といった現象をとらえて，そこから得た情報を電気信号として出力する素子をいいます。

センサを使って何かをセンスしたいときには，何を検出するのか，どのように検出するのかといった基本的なところから考えます。表 6.1 に，主なセンサの種類をあげます。

表 6.1 センサの種類

検出情報	主なセンサ
光	フォトダイオード,フォトトランジスタ,CdSセル
音，超音波	マイクロホン，超音波センサ
熱，温度	サーミスタ，熱電対
磁気	リードスイッチ，ホール素子
位置・角度	ポテンショメータ，エンコーダ
速度	振動ジャイロ，タコメータ
接触	マイクロスイッチ
圧力	感圧導電性ゴム,感圧半導体,感圧フィルム

6.2 接触センサ

スイッチは最も簡単なセンサでしょう．それは機械制御などでよく**リミットスイッチ**(limit switch)として使われます．応用としては，図6.1のようにスイッチを使って物体が接触しているかいないかをON/OFFすることで，位置や外界の様子を知ることができます．

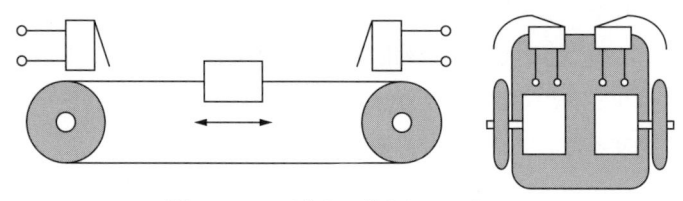

図 6.1 センサとして使われるスイッチ

6.2.1 マイクロスイッチ

センサとして利用するには，比較的小型で，小さな力でON/OFFする**マイクロスイッチ**を使います．一般的なマイクロスイッチは図6.2のような形状をしています．筆者は最初にマイクロスイッチと聞いたときには，ものすごく小さいスイッチだと思いましたが，一般的なマイクロスイッチの大きさは2～4cmです．もちろん大きさが数mmといった微小のものもあります．

マイクロスイッチはアクチュエータで外力をうけとめ，接点を開閉します．使用するときには，カムや触覚などの機械的な操作部を設けて，アクチュエータを

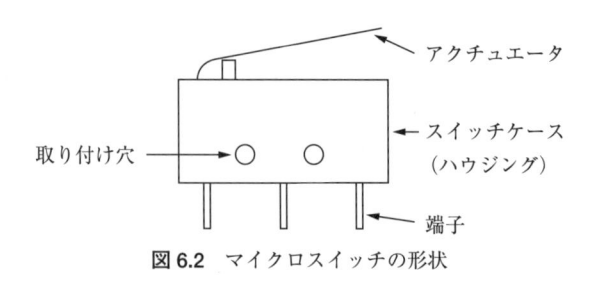

図 6.2 マイクロスイッチの形状

操作します。

6.2.2　スイッチとマイコンの接続

　スイッチに**チャタリング**(chattering)はつきものです。マイクロスイッチなど，機械接点をもっているスイッチとマイコンをつなぐときには，チャタリングの対策をしなければなりません。

　チャタリングとはスイッチがON/OFFする瞬間に機械的に振動する現象です。図6.3のスイッチ回路で，スイッチがON/OFFする瞬間を見ると，図6.3(b)のようなスイッチ接点の振動が現れます。このときスイッチからの信号をマイコンに入力すると，1つのON/OFF信号がいくつも見えてしまいます。したがって，チャタリングは，スイッチからの信号をカウントするときなどは許されない現象です。図6.4にチャタリング防止の対処をしたスイッチ入力回路を示します。

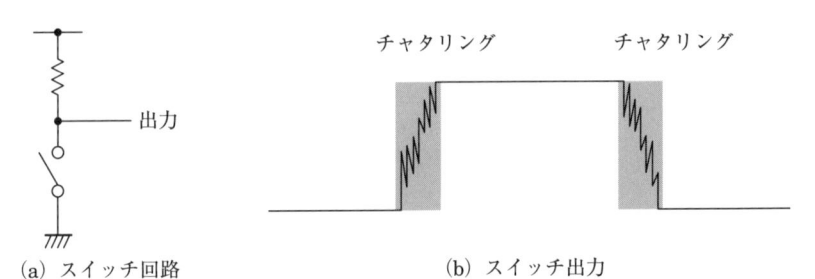

(a) スイッチ回路　　　　　(b) スイッチ出力
図 6.3　簡単なスイッチ入力回路とその出力

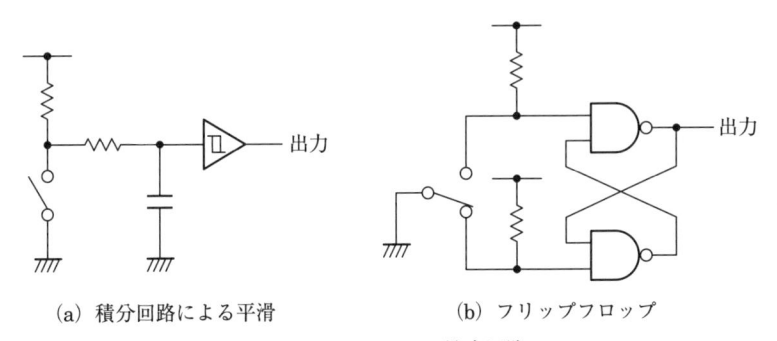

(a) 積分回路による平滑　　　(b) フリップフロップ
図 6.4　チャタリング除去回路

6.2.3 リードスイッチ

リードスイッチは近接スイッチとして使われます。磁力によって，物体を非接触で検知するセンサです。

リードスイッチは，図6.5のように，ガラス管の中に2本のリードを対抗するように入れた構造になっています。リードはプレスしてばねのように働き，磁界を加えると接触します。ガラス管の中には窒素などの不活性ガスを入れ，接点の変質を防いでいます。

接近センサは，リードスイッチと磁石を組み合わせて使います。例えばドアの開閉，稼動物のリミットスイッチなどに使用されています。

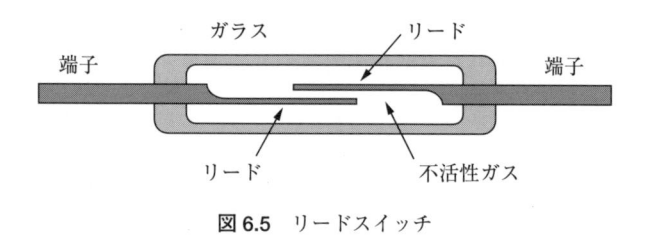

図6.5 リードスイッチ

6.3 光電スイッチ

光電スイッチは，物体を光で検知するセンサです。マイクロスイッチのように機械的に接触することなく物体を検知します。

光電スイッチは図6.6のように，**発光素子**と**受光素子**をペアで使います。発光素子に電流を流すと光を発光します。その光を受光素子が受け電気信号に変換して物体を検知します。光を，物体が遮断することで検知する**透過型**（図6.6 (a)）と，物体による反射で検知する**反射型**（図6.6(b)）があります。

光電スイッチは，プリンタや複写機（コピー機）などのOA機器，銀行やコンビニエンスストアのATM（自動金銭支払機），自動販売機，自動ドアなどに使用されています。

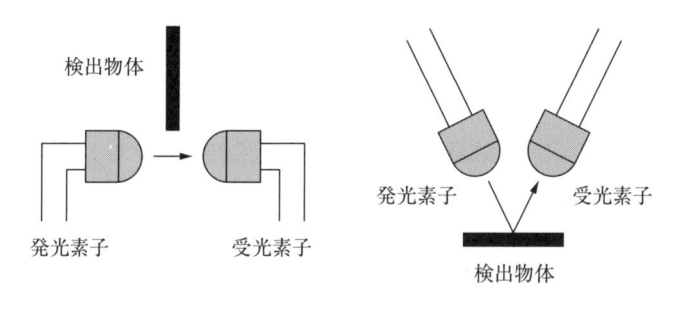

(a) 透過型　　　　　　　(b) 反射型

図 6.6　光電スイッチのしくみ

6.3.1　受光素子

受光素子は光を検知して電気信号に変換する光センサです。半導体に光を当てると，光のエネルギーを受けてその抵抗が減少したり（**光導電効果**），電圧が発生する（**光起電力効果**）ものがあります。これにより，光センサは光の強弱や色を検出します。主な光センサには，CdSセル，フォトダイオード，フォトトランジスタがあります。

(1) CdS

CdSは光を照射すると抵抗値が減少する光導電効果を利用した光センサです。写真6.1のような，直径が5〜10mmくらいのものを，秋葉原などの電気部品店でよく見かけます。

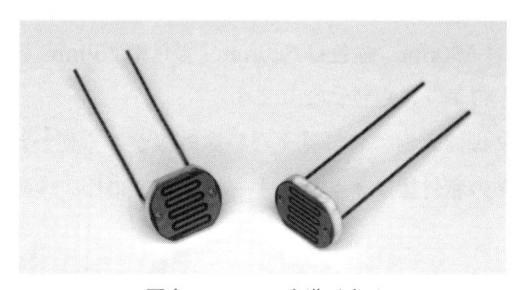

写真 6.1　CdS光導電素子

CdSは様々なものがありますが，端子に極性がなく低価格なので簡単に使えます。ただし，光に対する反応が遅いので，変化の速い光は追従できません。

(2) フォトダイオード

半導体のpn接合に光を照射すると電圧が発生します。**フォトダイオード**はこの光起電力効果を利用した光センサです。フォトダイオードは光量と発生する電流量が比例しているため，精度を要する測定に使用されます。またフォトダイオードは応答が速いので，テレビやビデオのリモコンなどの光通信に使われます（図6.7）。

赤外線LED
（送信側）

フォトダイオード
（受信側）

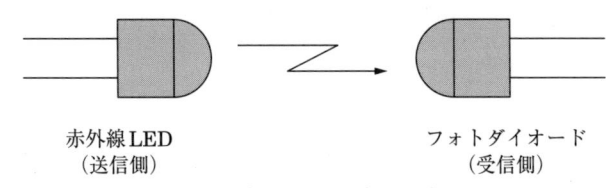

図6.7 光センサの通信への応用

(3) フォトトランジスタ

フォトトランジスタは，フォトダイオードとトランジスタを合わせた光センサです。フォトトランジスタはトランジスタのベースにフォトダイオードの構造をもち，フォトダイオードが光を受けて発生する電流を増幅して出力します。フォトトランジスタはフォトダイオードに比べて感度は高くなりますが，応答速度は遅くなります。

光センサが検知できる光は，その波長によります。光の色の違いは，光の波長で決まります。光の波長の単位はnm（ナノメートル）が使われます。赤色の波長は660nm，黄色は590nm，緑色は520nm，青色が450nmです。すべての色が集まると，太陽光のように白色になります。

光電スイッチには，人間の目に見えない赤外線がよく使われます。図6.8に東芝セミコンダクタの**赤外線フォトダイオード**，TPS601Aの感度特性を示します。

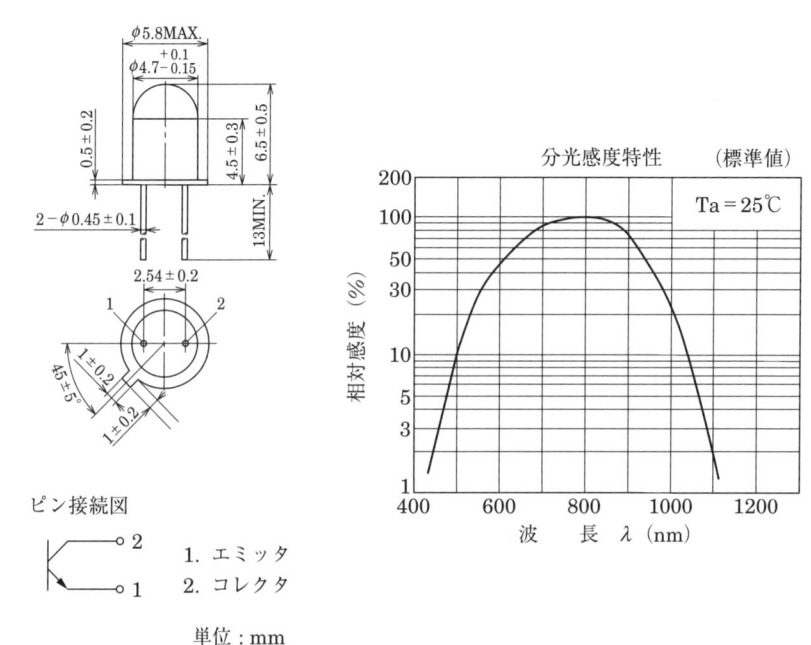

図 6.8　赤外線フォトトランジスタの感度特性の例

6.3.2　発光素子

発光素子には **LED**（light emitted diode：発光ダイオード）が使われます。GaAs（ガリウムヒ素）などの半導体に電流を流すと，自由電子のエネルギーが光となって放出されます。これが LED です。LED は小さな電流で発光し，小型で寿命が長く，またいろいろな色を発光するものがあるため，センサだけでなく表示装置にも使用されています。

　光センサの光源には赤外線のものが多く利用されています。赤外線 LED は可視光の LED と比べて光出力が大きく，フォトダイオードやフォトトランジスタなどの受光素子と感度波長が近いからです。

　LED の一般的な使い方は，図 6.9 のように一定の電流を流す方法です。LED のアノードにプラス，カソードにマイナスを接続し，順電流 I_F を流すことで LED は点灯します。

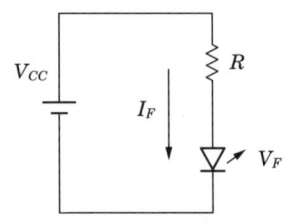

図 6.9　LED の直流駆動回路

　LEDの光出力は電流にほぼ比例します．電流を多く流すと光は強くなりますが，順電流 I_F が最大定格を超えないように抵抗 R を設定します．順電流 I_F は10mA から 20mA くらいがよいでしょう．抵抗 R は

$$R = \frac{V_{CC} - V_F}{I_F} \tag{6.1}$$

で求めることができます．LED の順電圧 V_F は，赤外線 LED の場合およそ 1.4V，赤色 LED の場合およそ 2.2V です．

　LED をさらに強く光らせたいときには，図 6.10 のようにパルス電流を流します．パルスのデューティ比を小さくし，LED に加わる平均的な電力を小さくすることで，より大きい順電流 I_F を流すことができます．また，光をパルスで発光し，受光素子で決められたパルスだけセンスすることで，外乱光の影響を受けにくくなります．

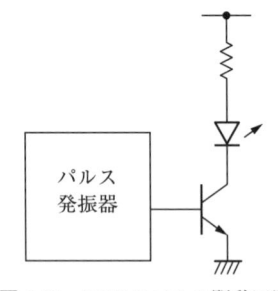

図 6.10　LED のパルス駆動回路

6.3.3 フォトトランジスタの使い方

フォトトランジスタは，光電スイッチとして最もよく使われる光センサです。フォトトランジスタに光が照射されたときの，流れる電流を光電流 I_L と呼びます。フォトトランジスタに強く光を当てると，光電流も大きくなります。また，フォトトランジスタにまったく光を当てなくても，わずかな電流が流れます。これを**暗電流** I_D と呼びます。

フォトトランジスタに流れる電流（I_L や I_D）を出力するには，図6.11のように抵抗を使います。図6.11(a)で出力電圧 V_{out} は，$I_L \times R_L$ となります。

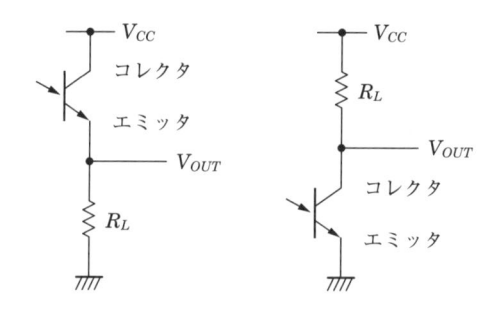

(a) エミッタ負荷 　　(b) コレクタ負荷
図6.11 フォトトランジスタの基本回路

フォトトランジスタに光が照射されているか，いないかの信号を出力するときには，図6.12のようにデジタルICを用います。図6.12(a)では光が当たると出

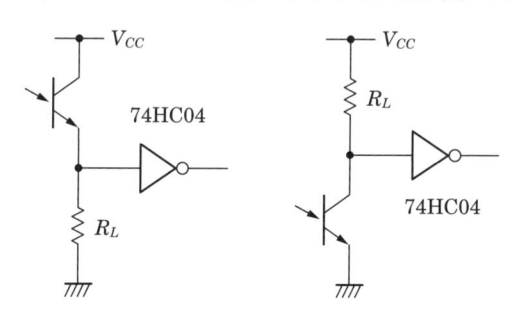

(a) エミッタ負荷 　　(b) コレクタ負荷
図6.12 フォトトランジスタのデジタル出力回路

力が0(Low)になり，図6.12(b)では光が当たると出力が1(High)になります。

ここでデジタルICの入力インピーダンス(入力抵抗)に注意します。デジタルICの入力インピーダンスが低いと，デジタルICの入力端子に流れる電流I_{IL}(低レベル入力電流)とI_{IH}(高レベル入力電流)が大きくなり，フォトトランジスタ回路への影響が大きくなります(図6.13)。デジタルICには74HCシリーズなどのCMOSのものを使うとよいでしょう。

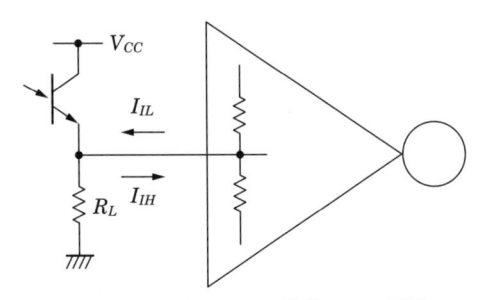

図6.13 デジタルICの接続による影響

6.3.4 フォトインタラプタ

発光素子と受光素子を組み合わせて使用するときには
① 発光素子が発光する光の波長と，受光素子の感度波長が合っているか
② 発光素子と受光素子の光軸が合っているか
に注意します。発光素子と受光素子を用意し，自分で組み合わせることもできますが，この手間を省くため，発光素子と受光素子が一体となった**フォトインタラプタ**を用います(図6.14)。

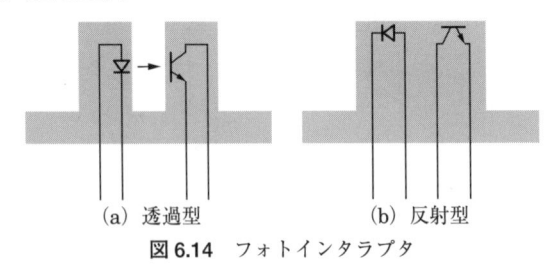

(a) 透過型　　(b) 反射型
図6.14 フォトインタラプタ

多くのフォトインタラプタでは，発光素子に赤外線LEDを受光素子として，フォトトランジスタを用いています。また，図6.15のように，光電スイッチ回路をIC化したものもあります。

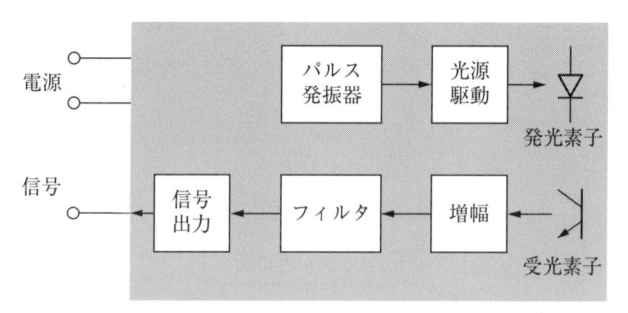

図6.15 光電スイッチのIC化

6.3.5　フォトインタラプタからのマイコン入力

ここではフォトインタラプタを用いて，物体が何回通過したかを数えるプログラムを考えてみます。

図6.16は，透過型フォトインタラプタとH8マイコンを接続する回路です。この回路では，フォトインタラプタが物体を検知すると0(Low)を出力し，検知しないときは1(High)を出力します。

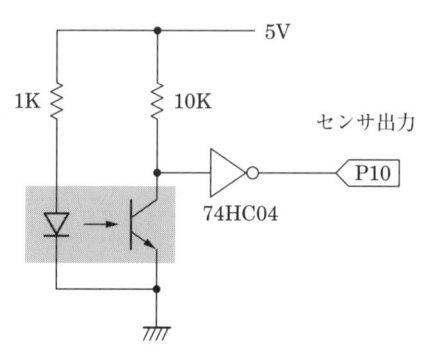

図6.16 フォトインタラプタの接続回路

センサ信号はポート1のビット0に接続します。3章の実験ボードを使って，物体が通過した回数をLEDに表示することにしましょう。

図6.17に，そのフローチャートを示します。ここでは，センサ回路の出力が1（High）から0（Low）に変わるときカウントアップします。センサ信号が以前と変わらないときは，ループで待機しています。プログラムをリスト6.1に示します。

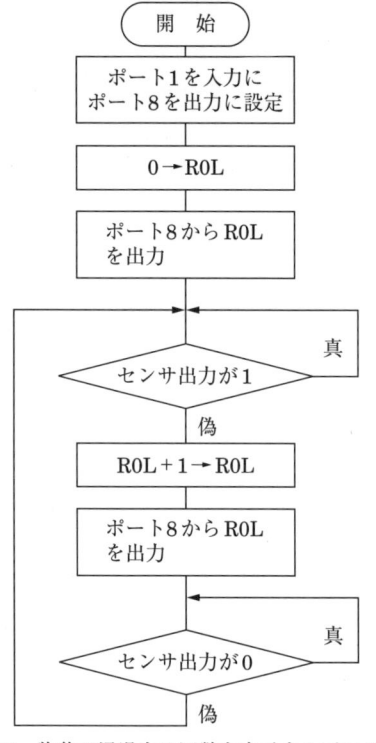

```
開始
 │
ポート1を入力に
ポート8を出力に設定
 │
0 → R0L
 │
ポート8からR0L
を出力
 │
 ├─────────┐
 ▼         │
センサ出力が1 ──真──┘
 │偽
R0L + 1 → R0L
 │
ポート8からR0L
を出力
 │
 ├─────────┐
 ▼         │
センサ出力が0 ──真──┘
 │偽
```

図6.17 物体の通過する回数を表示するプログラム

リスト6.1 sencor.src

```
1   ; sencor.src
2           .CPU    300HN
3   PCR1:   .EQU    H'FFE4      ; ポート1コントロールレジスタ
4   PDR1:   .EQU    H'FFD4      ; ポート1データレジスタ
5   PCR8:   .EQU    H'FFEB      ; ポート8コントロールレジスタ
6   PDR8:   .EQU    H'FFDB      ; ポート8データレジスタ
7
8           .SECTION ROM,CODE,LOCATE=H'F780
9   ; 開始
10          XOR.B   R0L,R0L
11          MOV.B   R0L,@PCR1   ; ポート1を入力に設定
12          MOV.B   #H'FF,R0L
13          MOV.B   R0L,@PCR8   ; ポート8を出力に設定
14          XOR.B   R0L,R0L
15          MOV.B   R0L,@PDR8   ; LED出力
16  LOOP:   BTST    #0,@PDR1
17          BNE     LOOP        ; 1ならば待機
18          INC.B   R0L         ; カウントアップ
19          MOV.B   R0L,@PDR8   ; LED出力
20  L0:     BTST    #0,@PDR1
21          BEQ     L0          ; 0ならば待機
22          BRA     LOOP        ; LOOPへ
23          .END
```

7. H8マイコンロボットの製作

　この章ではH8マイコンの応用としてロボットを作ります．1台のロボットを作るためには，マイコンのハードウェアやソフトウェア，モータやセンサの使い方，ロボットの機構や力学の設計，自動制御の考え方，工作，企画やアイデアなど，実に多くの技術を学ばなければなりません．ロボット作りは大変です．だからこそ面白いのです．
　ここでは例として，ライントレースロボットを紹介します．ぜひ，御自分でもロボットを作ってみてください．皆さんの技術力も，確実にアップするはずです．

7.1　ライントレースロボットとは

　ライントレースロボットは，床に描かれた線の上を走行する，自立型のロボットです．ライントレースロボットはマイコンを使わなくても作ることができます

写真 7.1　ライントレースロボット

が，本書では，もちろんH8マイコンを使います。写真7.1は，筆者が組み立てたライントレースロボットです。

7.1.1 ライントレースロボットの構成

写真7.2にライントレースロボットの構造，図7.1にブロック図を示します。

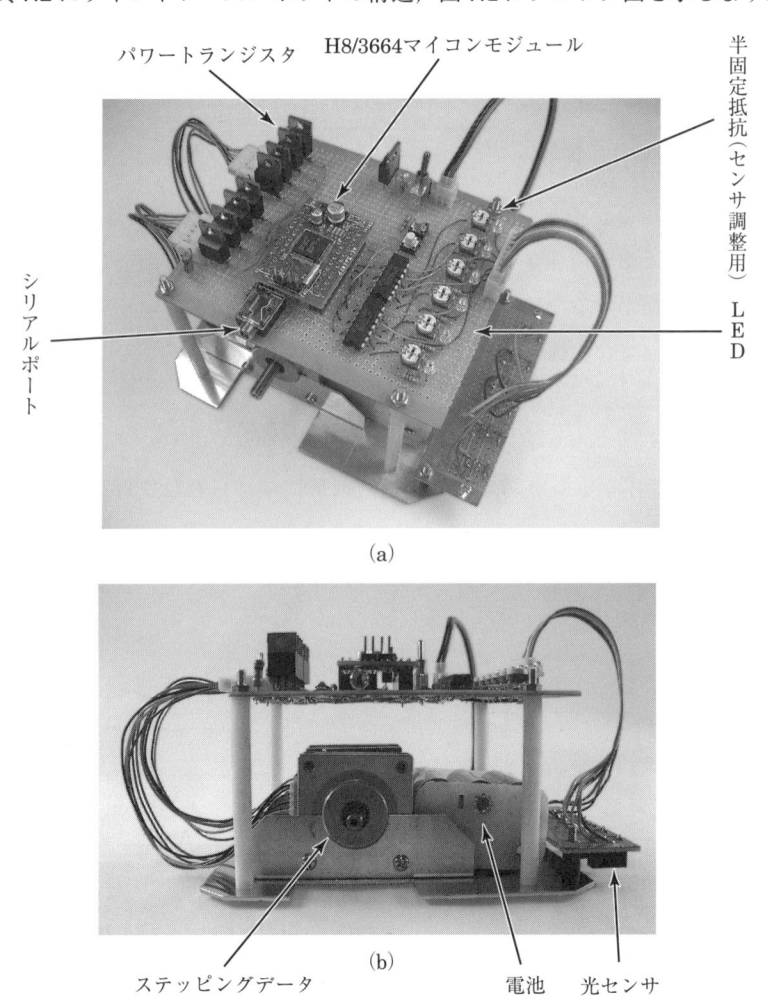

(a)

(b)

写真 7.2 ライントレースロボットの構造（タイヤを外した状態）

7.1 ライントレースロボットとは

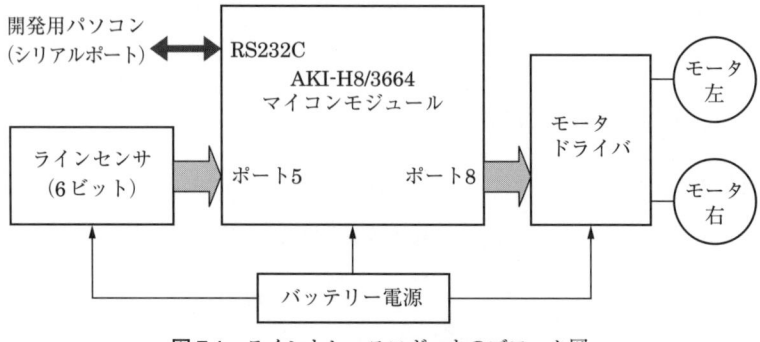

図7.1 ライントレースロボットのブロック図

ロボットは床のラインをセンサで読み取り，その情報をマイコンに伝えます。マイコンは，センサ情報から左右のモータの回転数を計算し制御します。ロボットは完全自立型とするため，内部にバッテリー電源を積んでいます。

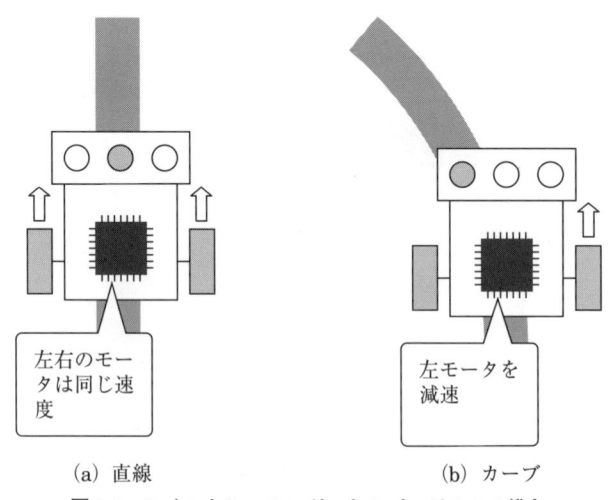

7.1.2 ライントレースロボットのプログラム

ライントレースロボットは，どのようなプログラムで動くのでしょうか。

図7.2で，ライントレースロボットは，前部につけられた3個のセンサを絶え

(a) 直線　　　　　　　　　　　(b) カーブ
図7.2 ライントレースロボットのプログラムの働き

ず監視しています。3個のセンサは，個々に真下の床の色を調べ，ラインを検出すると1(High)を出力し，そうでないときは0(Low)を出力します。3つのセンサのうち中央のセンサが1ならば，左右のモータを同じ速度で回転させ，ロボットは直進します(図7.2(a))。

ロボットがカーブにあたると，ラインを検出するセンサは左か右に偏ります。もし，左のセンサがラインを検出したならば，左のモータを減速し，ロボットは左に曲がります(図7.2(b))。

7.1.3 ライントレースロボットのバリエーション

写真7.3は，マイコン搭載型のライントレースロボットの例です。ライントレースロボットには，キットとして販売されているものもあります。写真7.3はエフテック(株)のライントレースロボットで，PICという小型のマイコンとDCモータが搭載されています。

写真 7.3 ライントレースロボットの例(P-ROBO)

ライントレースロボットを用いた競技もあります。マイコンカーラリーは，委員会の支給するH8マイコンを使って，自作ロボットのスピードを競います。興味のある方はホームページを見て下さい。とても参考になると思います。

7.2 ロボットの設計と製作

ロボットは複雑で大きいシステムなので，製作にあたってはしっかりと計画を立てて行います。ここでは，その手順を追って，ロボットを製作していきます。

7.2.1 どんなロボットをつくるのか

最初に，どんなロボットをつくるのか，大まかに考えます。趣味のロボットとして，ライントレースロボットのほかにもマイクロマウス，相撲ロボット，犬や猫型ロボット，昆虫型ロボット，人間型ロボットなど様々なロボットが生み出されています。

ロボットのタイプが決まったら，モータやセンサは何を使うか，マイコンはどうするかといった個々の項目について決めていきます。本書で紹介するライントレースロボットは，特別な材料を使わないで，比較的簡単に製作できるように考えました。表7.1にその概要を示します。

表7.1 制作するロボットの概要

項　目	説　明
マイコンボード	AKI-H8/3664マイコンモジュール
センサ	反射型フォトインタラプタ
モータ	ステッピングモータ
電源	単三型充電電池
製作費	約2万円

7.2.2 ロボットのメカについて

前に説明しましたが，ライントレースロボットは，左右の車輪の回転速度で走る速度と方向を制御します。そこでモータには，プログラムで直接モータの回転速度を制御できる，ステッピングモータを使うことにしました。

次に悩むのが車輪です。ラジコンカーのタイヤが流用できそうですが，今回は(株)タミヤの楽しい工作シリーズのなかから，**スポーツタイヤセット** (56mm径)

写真 7.4 スポーツタイヤセット

を選びました(写真7.4)。

車輪は,ステッピングモータのシャフトに直付けします。スポーツタイヤの4mmシャフト用ホイールハブの肉が厚かったので,5mmドリルで広げ,ステッピングモータのシャフトに合わせました。

動力として,DCモータを使用することも考えられます。DCモータはステッピングモータと比べて,始動トルクが大きい,小型で軽量といった利点があります。ただし,DCモータを使用するときは,ギヤなどの減速機が必要です。

競技としてライントレースロボットを速く走らせたいときは,ロボットの機械部分が重要になります。ここでは詳しく説明しませんが,ラジコン用のサーボモータを用いて,ステアリング機構で方向を制御するロボットもあります。

7.2.3 電源について

ライントレースロボットは自立型のロボットです。自分自身に電源(電池)を積んで動作します。

初心者は,よく,電源をあまり考えないでロボットの製作を進めてしまいます。すると最後になって,電源を載せるスペースがなくなったり,ロボットの構成に無理が出て動作できなくなります。そのようなことがないように,最初から電源を決めます。

表7.2に,ライントレースロボットで電力を必要とする部分を示しました。このように,ライントレースロボットの電源は,大きく,マイコン・センサ系統とモータ系統に分かれます。マイコン・センサ系統の電源は,電圧の変動は許されません。しかし電力消費は比較的少なく,常にある一定の電力を消費し続ける特徴があります。一方,モータ系統の電源は多くの電力を消費します。しかし,多少電圧の変動があっても,モータが動かないといったことはありません。この2つの要求を満たすように,図7.3の電源回路を考えます。

表7.2 ライントレースロボットの各部の電気的仕様

主な電力の供給先	電圧と電流	備　考
マイコンボード	5V,数十mA	電圧低下により誤動作
センサ	5V,数百mA	電源の雑音や変動に影響を受けやすい。
モータ	3V, 6V, 12Vなど 数百mAから数A	大電流を必要とする。スイッチングによって雑音が発生する。

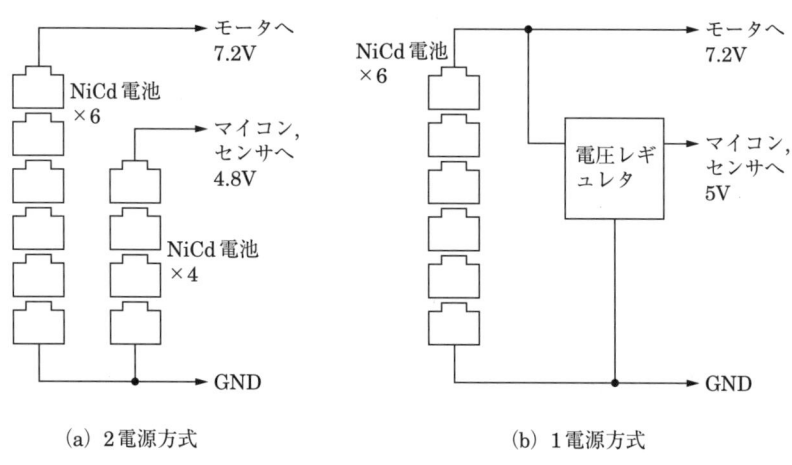

(a) 2電源方式　　　　　(b) 1電源方式

図7.3 ロボットの電源回路

今回は,ロボットに搭載する電池を少なくするために,図7.3(b)の1電源方式を用います。

電池選びも大切です。電池にとって,数Aといった電流を出力するのはとても大変です。このような用途には,**ニッカド電池**が最適です。また,**ニッケル水素**

電池でもよいでしょう。一般的によく使うマンガン電池は，大電流を出力する用途には向きません。

7.2.4 シャーシの設計と製作

部品をそろえて，ロボットの設計をします。方眼紙にロボットの図面を描いていきます。ここで，ロボットの形，大きさ，部品を載せる場所を決めます。ロボットの強度にも注意をしましょう。

図面を描くには，部品の寸法を知らなければできません。ノギスで部品の大きさを測りましょう。図面を描きながら方眼紙の上に部品を置いて，図面に無理がないか確認します(写真7.5)。

写真 7.5 シャーシの設計

今回，シャーシはアルミ板で作りました。シャーシ本体に1.5mm厚のものを，ステッピングモータを固定する金具に1mm厚のものを使います。図7.4と図7.5に最終的な図面を示します。小さい穴の寸法は3mmです。シャーシ本体とモータ固定金具は，後ではずす必要がないのでリベットで固定しました。

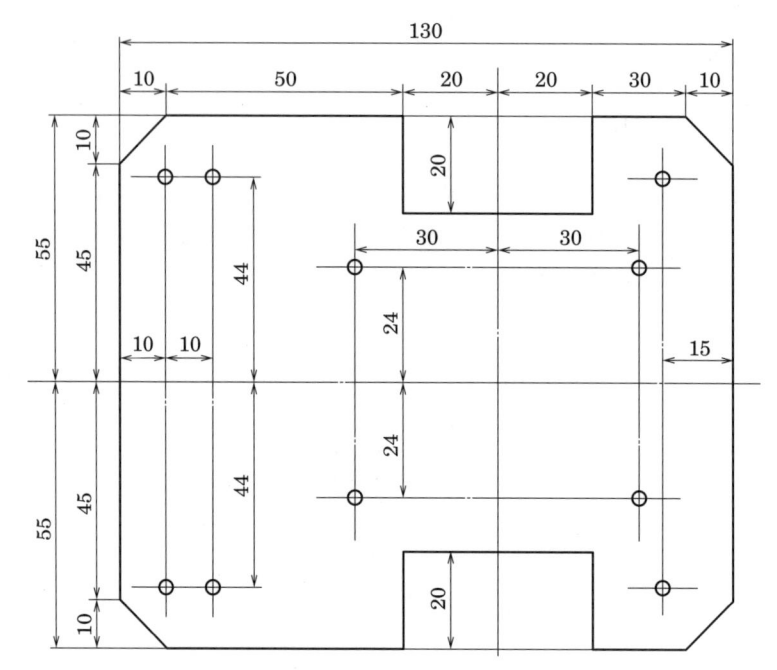

図 7.4　シャーシ本体の寸法

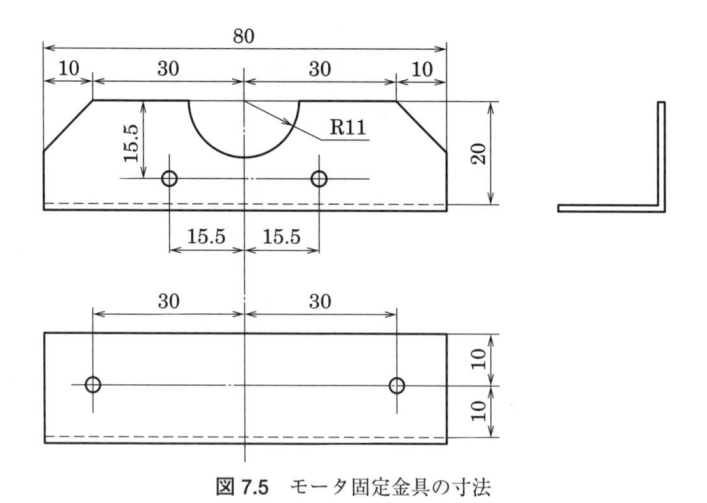

図 7.5　モータ固定金具の寸法

166　第 7 章　H8マイコンロボットの製作

写真7.6がその完成品です。シャーシの設計は，工夫のしどころです。皆さんもいろいろアイデアを出して下さい。

写真 7.6 ロボットのシャーシ（ステッピングモータを付けた状態）

7.2.5 ロボットの電子回路

図7.6は，ライントレースロボットの回路図です。この本の読者ならば，もうこの回路図が読めるはずです。どこかで見た回路の，寄せ集めだと思いませんか。

回路基板は，サンハヤトのICB-505（138mm×95mm）万能基板を2つに切って，マイコン基板（写真7.7）とセンサ基板（写真7.8）を作りました。

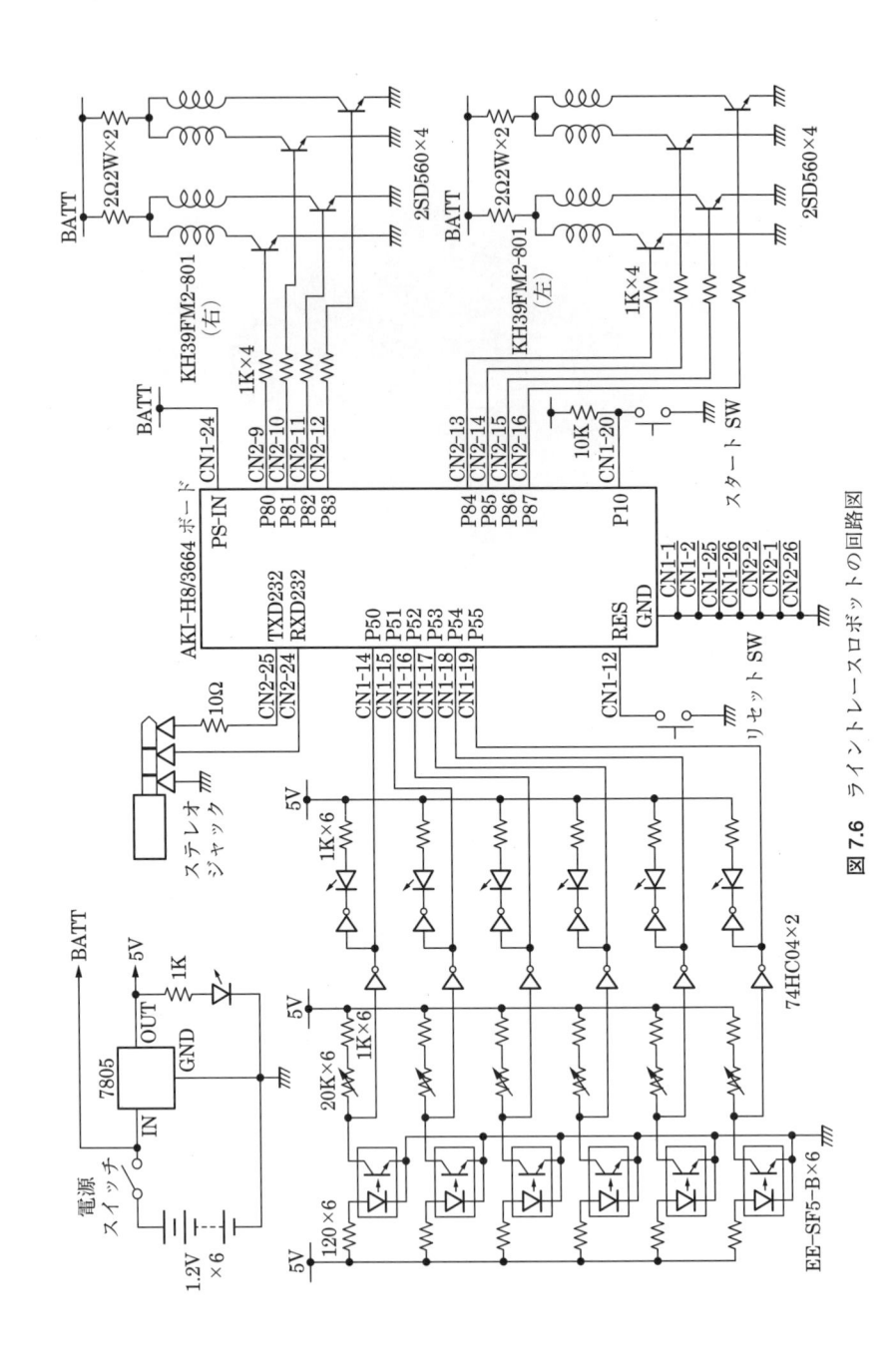

図7.6 ライントレースロボットの回路図

168 第7章 H8マイコンロボットの製作

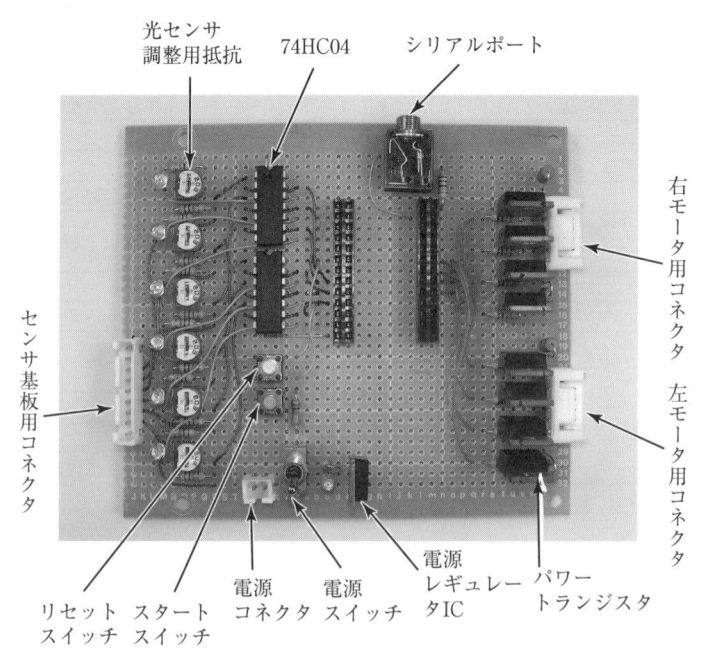

写真 7.7 マイコン基板(マイコンボードを外した状態)

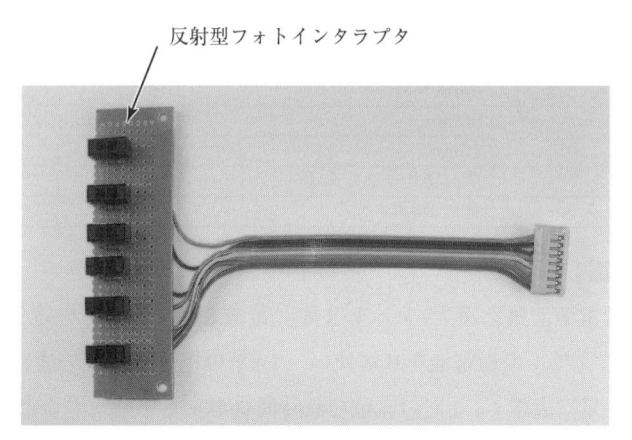

写真 7.8 センサ基板

7.2 ロボットの設計と製作　169

表7.3 ライントレースロボットの電子部品一覧

品　目	電圧と電流	数量	備　考
マイコンモジュール	AKI-H8/3664マイコンモジュール	1	秋月電子通商で販売
デジタルIC	74HC04	2	
三端子レギュレタ	7805	1	
LED	$\phi 3$	7	表示回路用
光電スイッチ (反射型フォトインタラプタ)	EE-SF5-B	6	オムロン製
パワートランジスタ	2SD560	8	
ステッピングモータ	KH39FM2-801	2	日本サーボ製
抵抗	10Ω	1	
	120Ω	6	
	$1k\Omega$	21	
	$10k\Omega$	1	
	2Ω	4	2W 金属皮膜抵抗
半固定抵抗	20kB	6	
タクトスイッチ	基板用	2	リセットSW, スタートSW
トグルスイッチ	基板用	1	電源SW
ステレオジャック	$\phi 2.5$，基板取付け型	1	シリアル通信用
コネクタ類 (基盤用オス・メス)	2ピン	1	電源用
	6ピン	2	ステッピングモータ用
	10ピン	1	センサ用
万能基板	138mm×95mm	1	サンハヤトICB-505等
ビス	$\phi 3mm$, 70mm	4	
	$\phi 3mm$, 20mm	2	
ナット	3mm	6	
スペーサ	60mm	4	30mm8個で流用
	10mm	2	
電池	単三型ニッケル水素	6	ニッカドでも可
電池ボックス	単三型6本	1	

(1) 電源回路

ロボットの電源回路を図7.7に示します．電源として，近くの電気店で普通にある単三型ニッケル水素電池を6本使い，7.2Vの電圧を得ています．ニッケル水素電池の容量は大きく，1回の充電で長時間ロボットを動かすことができます．充電器も一緒に用意しましょう．

図 7.7 電源回路

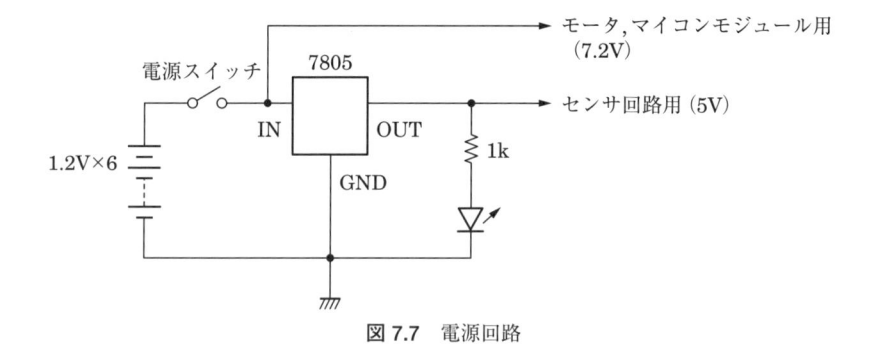

電子回路用の5Vは,三端子レギュレタICで簡単に得ることができます。そこからセンサ回路に5Vを供給します。AKI-H8/3664マイコンモジュールには,このような電圧レギュレタICがあらかじめ搭載されていて,モジュール内で5Vを作ることができます。したがって,電池から直接電源を供給します。

(2) センサ回路

図7.8がセンサ回路です。このライントレースロボットのコースとして,黒色の床に白色のラインを想定しています。センサがライン(白色)を検出すると1(High)を出力し,床(黒色)のときは0(Low)を出力します。光電スイッチにはオムロンの反射型フォトインタラプタ,EE-SF5-B(図7.9)を使用しました。そして,センサの出力を目視できるように,LED表示回路を付けました。

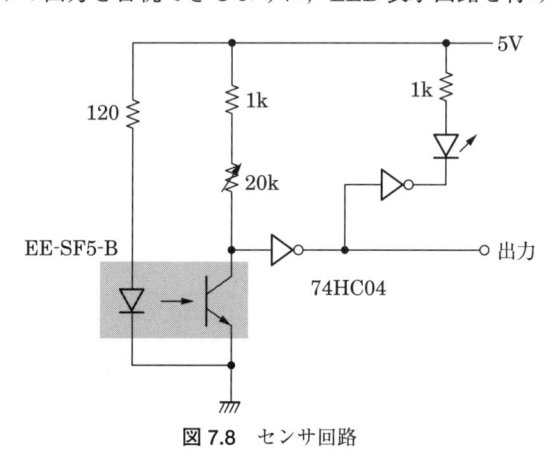

図 7.8 センサ回路

形EE-SF5-B

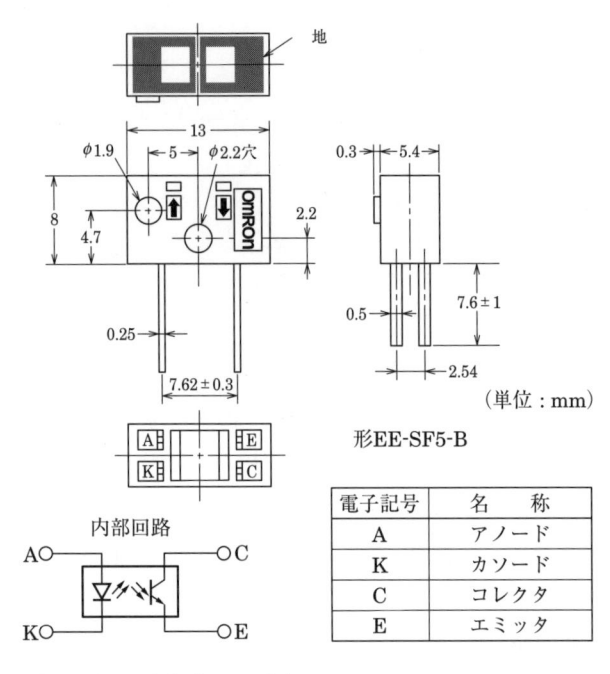

（単位：mm）

電子記号	名　　称
A	アノード
K	カソード
C	コレクタ
E	エミッタ

内部回路

■ 絶対最大定格（Ta＝25℃）

	項　　　目	記　号	定格値	単位
発光側	順　電　流	I_F	50 *1	mA
	パルス順電流	I_{FP}	1 *2	A
	逆　電　圧	V_R	4	V
受光側	コレクタ・エミッタ間電圧	V_{CEO}	30	V
	エミッタ・コレクタ間電圧	V_{ECO}	——	V
	コレクタ電流	I_C	20	mA
	コレクタ損失	P_C	100 *1	mW
動　作　温　度		T_{opr}	−25〜+80	℃
保　存　温　度		T_{stg}	−30〜+80	℃
ハンダ付け温度		T_{sol}	260 *3	℃

＊1 周囲温度が25℃を越える場合は，温度定格図をご覧ください．
＊2 パルス幅≦10μs，繰返し100Hz
＊3 ハンダ付け時間は10秒以内

図7.9　EE-SF5-Bの特性

センサ回路は電気的に微妙で，赤外線フォトトランジスタの特性に，大きく影響されます。そこで，赤外線フォトトランジスタの信号検出用抵抗を半固定抵抗にして，センサ感度を調整します。

コースの曲がり具合を，ロボットが段階的に検出できるように，センサ回路を6セット並べます（169ページの写真7.8）。

(3) ステッピングモータ駆動回路

ステッピングモータ駆動回路は，5章で紹介した回路をそのまま使います。使用するステッピングモータは，KH39FM2-801です。KH39FM2-801の電源電圧は6.3Vなので，電源の7.2Vを直接つなぐのは無理です。そこで，励磁コイルに2Ωの抵抗を直列接続して電圧を降下します。

7.3　動作テスト

基板のハンダ付けが終わったところで，回路の動作チェックをします。電子工作の誤りのほとんどは，配線ミスによるものです。まずは配線を疑いましょう。次の手順を参考に，部分ごとに1つずつ確認していきます。

(1) 電源回路の確認

最初は電源のチェックです。マイコンモジュールなどを抜いた状態で，グランドライン，7.2Vライン，5Vラインの配線を確認します。電源ラインのチェックが終了したならば電池を接続し，電源スイッチをONにして，各部の電圧を測定します。

(2) マイコンモジュールの確認

マイコン基板に電池をつないで，H8/3664Fの内蔵ROMにモニタを書き込みます（3章を参照）。H8マイコンのモニタが動けば，プログラムで回路のチェックができるようになります（写真7.9）。

写真 7.9　マイコン基板の動作確認

(3) センサ回路の確認

　センサ回路のチェックはLED表示を見ながら行います。センサ感度調整の半固定抵抗を中央にして，各センサに白や黒を当ててみます。また，EE-SF5-Bの焦点距離は5mmです。ロボットのセンサの高さを調整します。

(4) ステッピングモータ駆動回路の確認

　モニタで，5章のリスト5.1を，テストプログラムとして実行します。ステッピングモータは回転しましたか。配線の誤りで相の順番がずれていると，モータが回転しなかったり，回転してもトルクが得られません。そのようなときには，励磁パルスの周期を長くしてロータの動きを観察し配線の誤りを探します。

7.4 ライントレースロボットのプログラム

ハードウェアが完成したら，次はプログラム作りです。現在の組込みマイコンシステムの多くの機能は，ソフトウェアで実現されています。ハードウェアの機能は固定されていますが，ソフトウェアでは，機能の追加・変更が容易にできます。ここでは，ロボットシステムの動作を確認しながら，段階的にプログラムを作っていきます。

7.4.1 直進のプログラム

ロボットが直進するには，同じ速度で右モータを正回転（CW）し，左モータを逆回転（CCW）します（左モータは逆向きに取り付けられているため）。図7.10に，モータへ出力する励磁信号を示します。

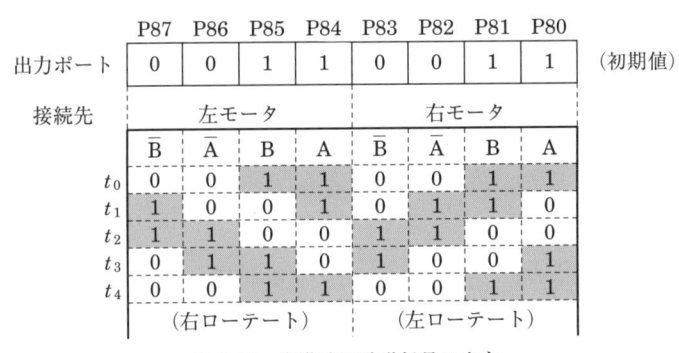

	P87	P86	P85	P84	P83	P82	P81	P80	
出力ポート	0	0	1	1	0	0	1	1	（初期値）
接続先	\multicolumn{4}{左モータ}						
	$\overline{B}$	$\overline{A}$	B	A	$\overline{B}$	$\overline{A}$	B	A	
t_0	0	0	1	1	0	0	1	1	
t_1	1	0	0	1	0	1	1	0	
t_2	1	1	0	0	1	1	0	0	
t_3	0	1	1	0	1	0	0	1	
t_4	0	0	1	1	0	0	1	1	
	（右ローテート）				（左ローテート）				

図 7.10 直進時の励磁信号の出力

ポート8の下位4ビットから右モータへ，上位4ビットから左モータへ励磁信号を出力します。ロボットを直進させるには，プログラムで，右モータの信号を順次左ローテート，左モータの信号を順次右ローテートし出力します。励磁信号は，強いトルクでモータを回転させるために，2相励磁方式としました。

図7.11に，そのフローチャートを示します。ここでは，モータの励磁信号を作るために，R0L（右モータ用）とR0H（左モータ用）の2つの8ビットレジスタを使います。

```
                ┌─────────┐                          ┌─────────┐
                │ 開  始  │                          │ P_OUT   │
                └────┬────┘                          └────┬────┘
                     │                                    │
          ┌──────────┴──────────┐             ┌───────────┴───────────┐
          │ ポート8を出力に設定 │             │    R0L→R1L            │
          └──────────┬──────────┘             │ R1L∧H'0F→R1L          │
                     │                        └───────────┬───────────┘
          ┌──────────┴──────────┐                         │
          │     H'33→R0L        │             ┌───────────┴───────────┐
          │     H'33→R0H        │             │    R0H→R1H            │
          └──────────┬──────────┘             │ R1H∧H'F0→R1H          │
                     │                        └───────────┬───────────┘
          ┌──────────┴──────────┐                         │
    ┌────▶│      P_OUT          │             ┌───────────┴───────────┐
    │     └──────────┬──────────┘             │   R1L∨R1H→R1L         │
    │                │                        └───────────┬───────────┘
    │     ┌──────────┴──────────┐                         │
    │     │       WAIT          │             ┌───────────┴───────────┐
    │     └──────────┬──────────┘             │ R1Lをポート8から出力  │
    │                │                        └───────────┬───────────┘
    │     ┌──────────┴──────────┐                         │
    │     │ R0Lを左ローテート   │                    ┌────┴────┐
    │     │ R0Hを右ローテート   │                    │ 復  帰  │
    │     └──────────┬──────────┘                    └─────────┘
    └────────────────┘
```

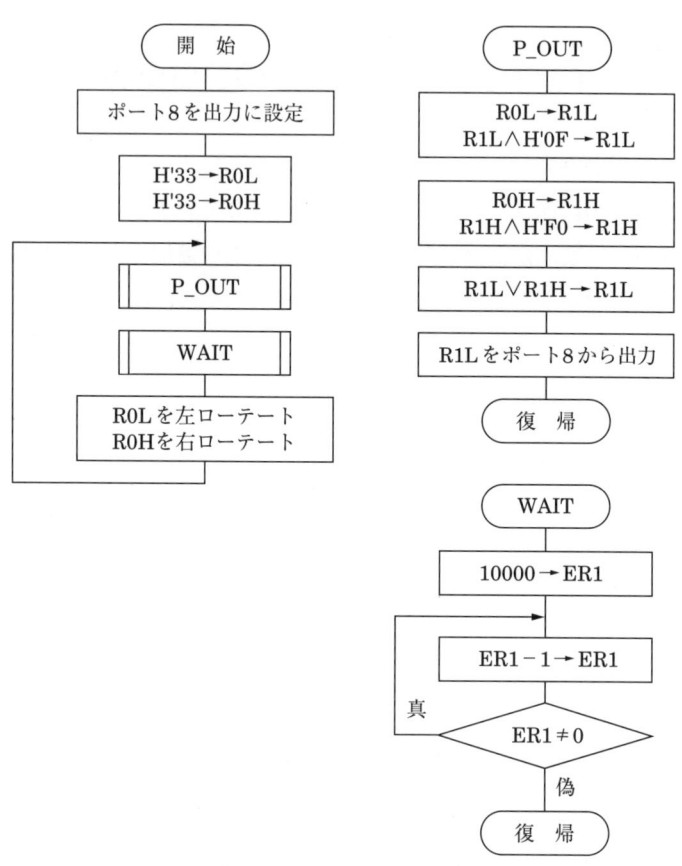

図7.11　直進のプログラム

　P_OUTは励磁信号出力のサブルーチンで，R0Lの下位4ビットとR0Hの上位4ビットを合せてポート8から出力します．このようなANDやORなどの論理演算命令を用いたビット信号の操作は，制御プログラムで多く現れます．

　WAITは励磁パルス出力の周期を決めるサブルーチンです．WAITでは，何もしないカウント処理をし，一定時間，CPUを浪費します．

　リスト7.1にプログラムを示します．モニタでプログラムを転送し，実行させて下さい．もし，ロボットが真直ぐに進まないならば，ロボットのシャーシや車輪の工作に誤差があります．ロボットの制御技術は，総合的なものなのです．

リスト7.1 go.src

```
1    ;go.src
2            .CPU      300HN
3    PCR8:   .EQU      H'FFEB      ; ポート8コントロールレジスタ
4    PDR8:   .EQU      H'FFDB      ; ポート8データレジスタ
5
6            .SECTION ROM,CODE,LOCATE=H'F780
7    ; 開始
8            MOV.B     #H'FF,R0L
9            MOV.B     R0L,@PCR8   ; ポート8を出力に設定
10           MOV.B     #H'33,R0L   ; 左モータの励磁信号の設定(2相励磁)
11           MOV.B     #H'33,R0H   ; 右モータの励磁信号の設定(2相励磁)
12   LOOP:   BSR       P_OUT       ; パルス出力
13           BSR       WAIT        ; 待機
14           ROTR.B    R0L         ; 左モータの励磁信号を右ローテート
15           ROTL.B    R0H         ; 右モータの励磁信号を左ローテート
16           BRA       LOOP        ; LOOPへ
17           RTS
18   ; パルス出力
19   P_OUT:  MOV.B     R0L,R1L
20           AND.B     #H'F0,R1L   ; 左モータは上位4ビット
21           MOV.B     R0H,R1H
22           AND.B     #H'0F,R1H   ; 右モータは上位4ビット
23           OR.B      R1H,R1L     ; 合成
24           MOV.B     R1L,@PDR8   ; 励磁信号を出力
25           RTS
26   ; 待機
27   WAIT:   MOV.L     #10000,ER1  ; 周期の設定
28   WAIT0:  DEC.L     #1,ER1
29           BNE       WAIT0
30           RTS
31           .END
```

7.4.2 センサを感知し停止するプログラム

ロボットの6つのセンサは，白い床の上ではすべて1(High)を出力します。今度は，ロボットが前進し，白い床から外れて，センサが1つでも0(Low)を出力したならば停止するプログラムを考えます。

図7.12に，そのフローチャートを示します。ここでは，励磁パルスを1つ出力する度にセンサを読み取り，センサが0を出力したならばモニタに復帰します。

```
              開  始
                │
      ┌─────────▼─────────┐
      │ ポート5を入力に，  │
      │ ポート8を出力に設定 │
      └─────────┬─────────┘
      ┌─────────▼─────────┐
      │   H'33→R0L        │
      │   H'33→R0H        │
      └─────────┬─────────┘
                │◄──────────────┐
      ┌─────────▼─────────┐     │
      │ ポート5からR1Lへ入力 │    │
      └─────────┬─────────┘     │
           ┌────▼────┐   真   ┌─────┐
           │R1Lのビット0├──────►│ 終了 │
           │からビット5に，│     └─────┘
           │ゼロを含む │
           └────┬────┘
              偽│
      ┌─────────▼─────────┐     │
      │      P_OUT        │     │
      └─────────┬─────────┘     │
      ┌─────────▼─────────┐     │
      │      WAIT         │     │
      └─────────┬─────────┘     │
      ┌─────────▼─────────┐     │
      │ R0Lを左ローテート  │     │
      │ R0Hを右ローテート  │     │
      └─────────┬─────────┘     │
                └───────────────┘
```

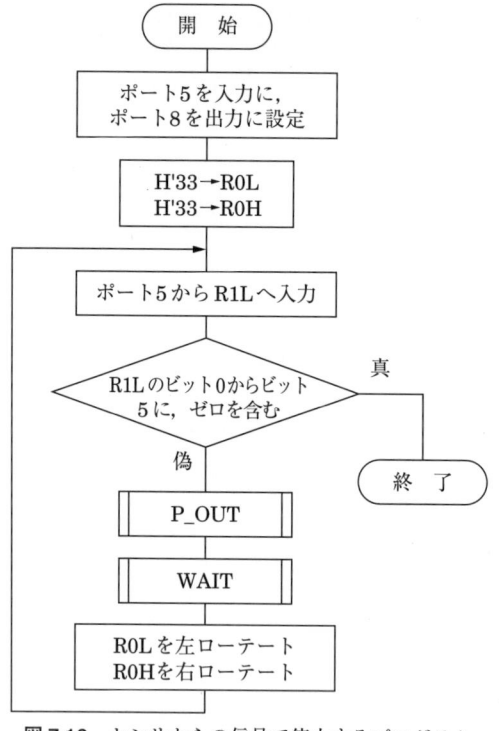

図7.12 センサからの信号で停止するプログラム

フローチャートのサブルーチンP_OUTとWAITは，前と同じものを使います。プログラムをはじめから考えるのは大変なので，利用できるものがあれば，積極的に使います。

プログラムでセンサの状態を判断するには，図7.13のように論理演算命令を使います．最初に，ポートから読み取ったバイト値から，最初に0011 1111（2進数）と論理積することで，センサ信号である下位6ビットを抽出し，不要なビットを0とします．次に0011 1111（2進数）と排他的論理和することで，もしセンサから0が送られてきたならば，そのビットが1になります．結果，処理したバイト値が0（零）ならばセンサ信号はすべて1，バイト値が0（零）でなければ，センサ信号に0が含まれることがわかります．プログラムをリスト7.2に示します．

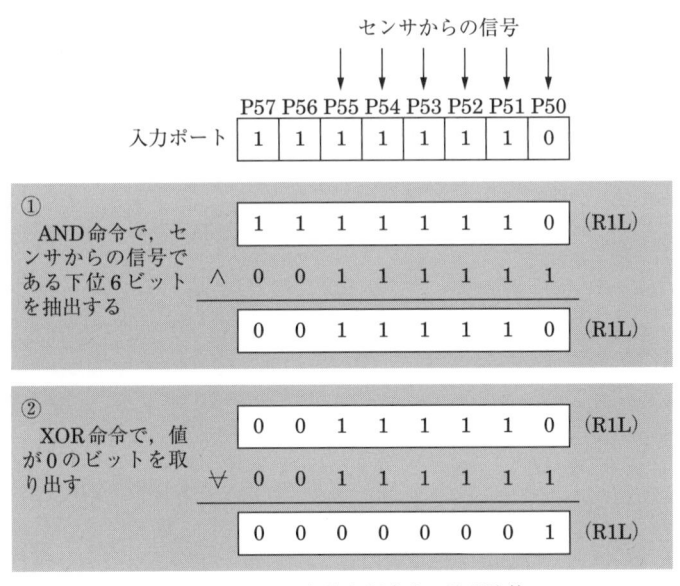

図 7.13 センサ信号を判定する論理演算

リスト7.2 gostop.src

```
 1  ;gostop.src
 2          .CPU    300HN
 3  PCR5:   .EQU    H'FFE8      ; ポート5コントロールレジスタ
 4  PDR5:   .EQU    H'FFD8      ; ポート5データレジスタ
 5  PCR8:   .EQU    H'FFEB      ; ポート8コントロールレジスタ
 6  PDR8:   .EQU    H'FFDB      ; ポート8データレジスタ
 7
 8          .SECTION ROM,CODE,LOCATE=H'F780
 9  ;開始
10          MOV.B   #0,R0L
11          MOV.B   R0L,@PCR5   ; ポート5を入力に設定
12          MOV.B   #H'FF,R0L
13          MOV.B   R0L,@PCR8   ; ポート8を出力に設定
14          MOV.B   #H'33,R0L   ; 左モータの励磁信号の設定（2相励磁）
15          MOV.B   #H'33,R0H   ; 右モータの励磁信号の設定（2相励磁）
16  LOOP:   MOV.B   @PDR5,R1L   ; センサ入力
17          AND.B   #H'3F,R1L   ; センサ6ビットの取出し
18          XOR.B   #H'3F,R1L   ; ビットのチェック
19          BNE     RETURN      ; ゼロでなければ終了
20          BSR     P_OUT       ; パルス出力
21          BSR     WAIT        ; 待機
22          ROTR.B  R0L         ; 左モータの励磁信号を右ローテート
23          ROTL.B  R0H         ; 右モータの励磁信号を左ローテート
24          BRA     LOOP        ; LOOPへ
25  RETURN: RTS                 ; モニタへ復帰
26  ;パルス出力
27  P_OUT:  MOV.B   R0L,R1L
28          AND.B   #H'F0,R1L   ; 左モータは上位4ビット
29          MOV.B   R0H,R1H
30          AND.B   #H'0F,R1H   ; 右モータは上位4ビット
31          OR.B    R1H,R1L     ; 合成
32          MOV.B   R1L,@PDR8   ; 励磁信号を出力
33          RTS
34  ;待機
35  WAIT:   MOV.L   #10000,ER1  ; 周期の設定
36  WAIT0:  DEC.L   #1,ER1
37          BNE     WAIT0
38          RTS
39          .END
```

7.4.3 2つセンサのライントレースプログラム

いよいよライントレースのプログラムを作ります。ライントレースのプログラムの観点は，センサの入力に応じた左右のモータの速度制御です。手始めに，図7.14のように，2つのセンサだけを使ってライントレースするプログラムを考えて見ましょう。

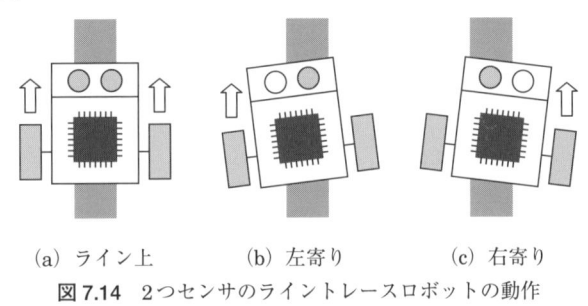

(a) ライン上　　(b) 左寄り　　(c) 右寄り
図7.14　2つセンサのライントレースロボットの動作

ロボットがライン上にいるときは（図7.14(a)），2つのセンサは1(High)になります。その場合は左右のモータを回転し，ロボットを直進させます。

ロボットが左に寄ると（図7.14(b)），左のセンサは0(Low)になり，右だけ1(High)になります。その場合は右のモータの回転を止め，左のモータだけを回転し，ロボットを右方向に向かわせます。同様に，ロボットが右に寄った場合（図7.14(b)）は左のモータの回転を止め，右のモータだけを回転し，ロボットを左方向に向かわせます。

図7.15に，2センサ式ライントレースのフローチャートを示します。

図7.15では，ポートの初期設定をした後，スタートスイッチ監視ループで，スタートスイッチが押されたらロボットが走り出すようにしています。スタートスイッチ監視ループを抜けると，ライントレースのループに入ります。ここではセンサの状態を読み取り，その値によって左右のモータの励磁信号をローテートするかしないかを判断しています。

図 7.15 2センサ式ライントレース

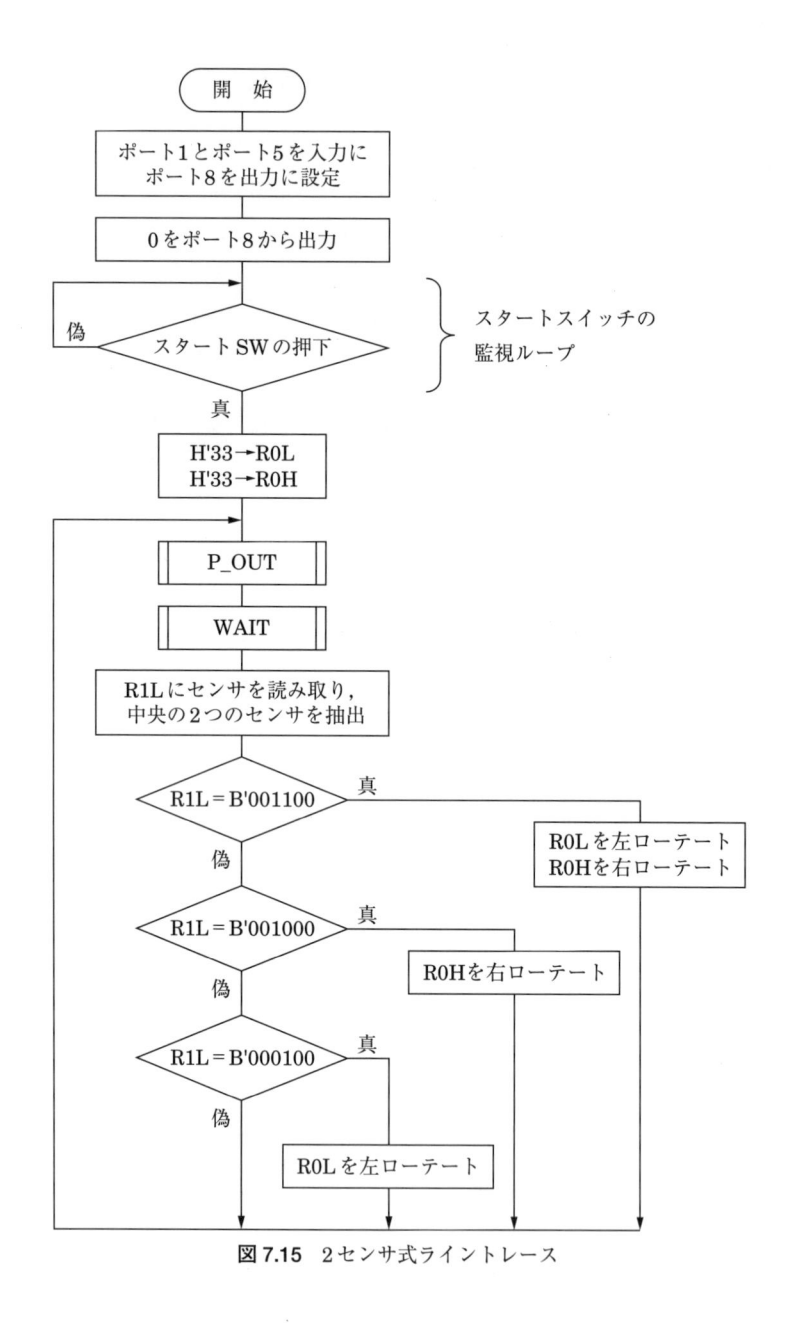

182　第7章　H8マイコンロボットの製作

リスト7.3 trace0.src

```
 1  ;trace0.src
 2  ;
 3  ; ライントレースロボット制御プログラム
 4  ;
 5          .CPU    300HN
 6  PCR1:   .EQU    H'FFE4          ; ポート1コントロールレジスタ
 7  PDR1:   .EQU    H'FFD4          ; ポート1データレジスタ
 8  PCR5:   .EQU    H'FFE8          ; ポート5コントロールレジスタ
 9  PDR5:   .EQU    H'FFD8          ; ポート5データレジスタ
10  PCR8:   .EQU    H'FFEB          ; ポート8コントロールレジスタ
11  PDR8:   .EQU    H'FFDB          ; ポート8データレジスタ
12
13          .SECTION ROM,CODE,LOCATE=H'F780
14  ; 開始
15          XOR.B   R0L,R0L
16          MOV.B   R0L,@PCR1       ; ポート1を入力に設定
17          MOV.B   R0L,@PCR5       ; ポート5を入力に設定
18          MOV.B   #H'FF,R0L
19          MOV.B   R0L,@PCR8       ; ポート8を出力に設定
20          XOR.B   R0L,R0L         ; 0→R0L
21          MOV.B   R0L,@PDR8       ; モータを開放
22          BTST    #0,@PDR1        ; スタートスイッチが押されるまで待つ
23  L0:     BNE     L0
24          MOV.B   #H'33,R0L       ; 左モータの励磁信号の設定(2相励磁)
25          MOV.B   #H'33,R0H       ; 右モータの励磁信号の設定(2相励磁)
26  MAIN_LOOP:
27          BSR     P_OUT           ; パルス出力
28          BSR     WAIT            ; 待機
29          MOV.B   @PDR5,R1L       ; センサ入力
30          AND.B   #B'00001100,R1L ; 中央2つのセンサ取出し
31          CMP.B   #B'00001100,R1L ; 2個のセンサがONならば
32          BEQ     GO              ; 前進
33          CMP.B   #B'00001000,R1L ; 左のセンサがONならば
34          BEQ     LEFT            ; 左へ曲がる
```

7.4 ライントレースロボットのプログラム

```
35          CMP.B   #B'00000100,R1L   ; 右のセンサがONならば
36          BEQ     RIGHT             ; 右へ曲がる
37          BRA     MAIN_LOOP
38  ; 直進
39  GO:     ROTR.B  R0L               ; 左モータの励磁信号をローテート
40          ROTL.B  R0H               ; 右モータの励磁信号をローテート
41          BRA     MAIN_LOOP
42  ; 左へ
43  LEFT:   ROTL.B  R0H               ; 右モータの励磁信号をローテート
44          BRA     MAIN_LOOP
45  ; 右へ
46  RIGHT:  ROTR.B  R0L               ; 左モータの励磁信号をローテート
47          BRA     MAIN_LOOP
48  ; パルス出力
49  P_OUT:  MOV.B   R0L,R1L
50          AND.B   #H'F0,R1L         ; 左モータは上位4ビット
51          MOV.B   R0H,R1H
52          AND.B   #H'0F,R1H         ; 右モータは上位4ビット
53          OR.B    R1H,R1L           ; 合成
54          MOV.B   R1L,@PDR8         ; ポート出力
55          RTS
56  ; 待機
57  WAIT:   MOV.L   #10000,ER1        ; 周期の設定
58          WAIT0:  DEC.L             #1,ER1
59          BNE     WAIT0
60          RTS
61          .END
```

7.4.3　6つセンサのライントレースプログラム

　2つのセンサのライントレースでは，モータを回転するかしないかによって制御しているため，ロボットはカーブでギザギザ走ります。この方式では，ロボットの走る速度が速くなると，ラインを追従できないでコースから外れてしまいます。そこでロボットに付けられた6個のセンサをすべて使って，カーブの深さに

よってモータの回転数を制御し，滑らかにコースを走るプログラムを考えます。

リスト7.4に，そのプログラムを示します。モータの速度制御をするとなると，処理も複雑になりプログラムも長くなります。このプログラムでは，モータの速度制御のために，次の変数を用いています。

- LMARK，RMARK：ステッピングモータの励磁パルスの周期を示す変数です。この変数の値が大きくなると，励磁パルスの周期が長くなり，モータの回転速度は低速になります。
- LCNT，RCNT：パルス周期の時間を計る変数です。この変数の初期値は，LMARK，RMARKで，ループごとに1減じます。0になると初期値に戻りますが，そのとき出力パルスが次のステージに移ります。

プログラムの大きな(メインルーチンの)流れは，図7.16のようになります。

```
開 始
  │
  ▼
┌──────┐   マイコンの初期化，LMARK，RMARK，
│ INIT │   LCNT，RCNTの初期値の設定。
└──────┘
  │
  ▼
┌────────┐  センサの読み取り，励磁パルスの周期
│ HANDLE │  (LMARK，RMARK)，を設定。
└────────┘
  │
  ▼
┌────────┐  LCNT，RCNTのカウントダウン。ゼロに
│ STEP_  │  なると，ステッピングモータの励磁信号が
│ COUNT  │  次のステージに進む。
└────────┘
  │
  ▼
┌────────┐
│ STEP_  │  ステッピングモータの励磁信号を出力。
│ OUT    │
└────────┘
  │
  ▼
┌──────┐   一時待機。この待機時間を短くすると，全体
│ WAIT │   の処理周期が速くなる。
└──────┘
```

図7.16 6センサライントレースのメインルーチン

サブルーチンHANDLE(図7.17)では，センサの状態を読み取り，その値からラインの深さに応じた左モータと右モータの励磁パルスの周期を求めます。

```
            ┌─────────┐
            │ HANDLE  │
            └────┬────┘
                 ▼
         ┌───────────────┐
         │R0Lにセンサを読み取り,│
         │ 6つのセンサを抽出  │
         └───────┬───────┘
                 ▼
         ┌───────────────┐
         │   TBL→ER1    │
         └───────┬───────┘
                 ▼
         ┌───────────────┐
    ┌───▶│  (ER1)→R0H   │
    │    └───────┬───────┘
    │            ▼
    │        ◇ R0H=0 ◇ ──真──┐
    │            │偽          │
    │            ▼            │
    │        ◇R0H=R0L◇──真─┐ │
    │            │偽        │ │
    │            ▼       ┌──┴──────┐
    │    ┌───────────┐   │ER1+1→ER1│
    │    │ER1+3→ER1 │   │(ER1)→(LMARK)│
    │    └─────┬─────┘   └────┬────┘
    └──────────┘              ▼
                        ┌─────────┐
                        │ER1+1→ER1│
                        │(ER1)→(RMARK)│
                        └────┬────┘
                             ▼
                         ( 復 帰 )
```

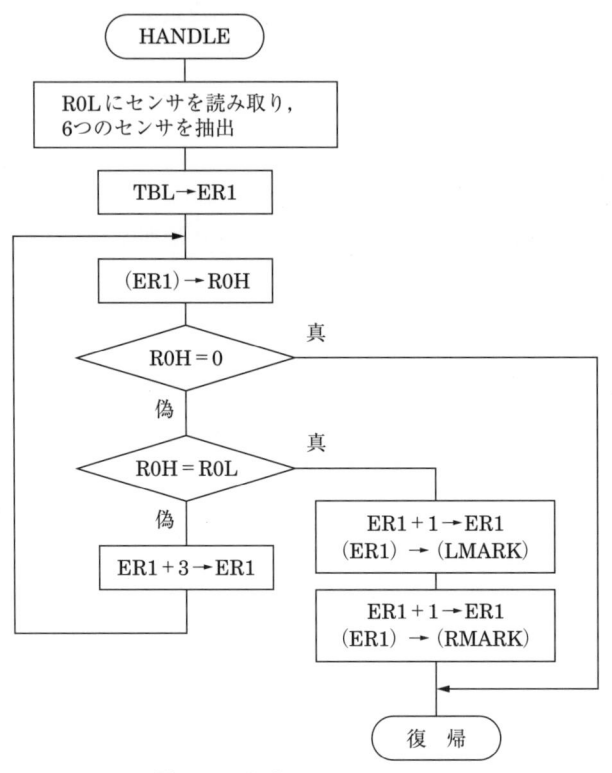

図7.17 サブルーチンHANDLE

センサの値，左モータのパルス周期，右モータのパルス周期は表になって，TBL番地から格納されています．サブルーチンHANDLEの処理は，表TBLの中からセンサから読み取った値と一致するデータを探し，LMARKとRMARKに代入します．表TBLの値は，センサと車輪の位置関係に合わせて調整が必要です（ロボットのサイズが同じならば，このままでよいです）．

　サブルーチンSTEP_COUNT（図7.18）では，パルス周期の時間を計る変数LCNTとRCNTをカウントダウンし，もし値が0になったならば励磁信号をローテートし，その後，LCNTとRCNTをLMARK，RMARKで初期化します．

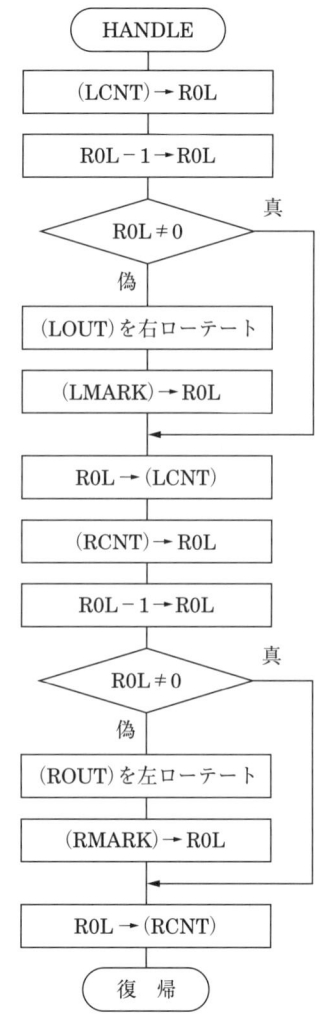

```
           ┌─────────┐
           │ HANDLE  │
           └────┬────┘
        ┌───────┴────────┐
        │ (LCNT) → R0L   │
        └───────┬────────┘
        ┌───────┴────────┐
        │ R0L − 1 → R0L  │
        └───────┬────────┘
            ╱───┴───╲      真
           ╱ R0L ≠ 0 ╲─────────┐
           ╲         ╱         │
            ╲───┬───╱          │
              偽│               │
        ┌───────┴────────────┐ │
        │ (LOUT)を右ローテート │ │
        └───────┬────────────┘ │
        ┌───────┴────────┐     │
        │ (LMARK) → R0L  │     │
        └───────┬────────┘     │
                ├──────────────┘
        ┌───────┴────────┐
        │ R0L → (LCNT)   │
        └───────┬────────┘
        ┌───────┴────────┐
        │ (RCNT) → R0L   │
        └───────┬────────┘
        ┌───────┴────────┐
        │ R0L − 1 → R0L  │
        └───────┬────────┘
            ╱───┴───╲      真
           ╱ R0L ≠ 0 ╲─────────┐
           ╲         ╱         │
            ╲───┬───╱          │
              偽│               │
        ┌───────┴────────────┐ │
        │ (ROUT)を左ローテート │ │
        └───────┬────────────┘ │
        ┌───────┴────────┐     │
        │ (RMARK) → R0L  │     │
        └───────┬────────┘     │
                ├──────────────┘
        ┌───────┴────────┐
        │ R0L → (RCNT)   │
        └───────┬────────┘
           ┌────┴────┐
           │  復 帰  │
           └─────────┘
```

図7.18　サブルーチンSTEP_COUNT

リスト7.4 trace1.src

```
1    ;trace1.src
2    ;
3    ; ライントレースロボット制御プログラム
4    ;
5    .CPU      300HN
6    PCR1:     .EQU      H'FFE4        ; ポート1コントロールレジスタ
7    PDR1:     .EQU      H'FFD4        ; ポート1データレジスタ
8    PCR5:     .EQU      H'FFE8        ; ポート5コントロールレジスタ
9    PDR5:     .EQU      H'FFD8        ; ポート5データレジスタ
10   PCR8:     .EQU      H'FFEB        ; ポート8コントロールレジスタ
11   PDR8:     .EQU      H'FFDB        ; ポート8データレジスタ
12   .SECTION  ROM,CODE,LOCATE=H'F780
13   ;
14   ; メインルーチン
15   ;
16             JSR       @INIT         ;システムの初期化
17   L0:       BTST      #0,@PDR1      ; スタートスイッチが押されるまで待つ
18             BNE       L0
19   MAIN_LOOP:
20             JSR       @HANDLE       ; モータの速度設定
21             JSR       @STEP_COUNT
22             JSR       @STEP_OUT
23             JSR       @WAIT         ;時間待機
24             BRA       MAIN_LOOP
25   ;
26   ;         モータの速度設定
27   ;
28   HANDLE:
29             MOV.B     @PDR5,R0L     ; センサ入力
30             AND.B     #H'3F,R0L     ; 6ビットの取出し
31             MOV.L     #TBL,ER1      ; データ表の先頭アドレスをセット
32   LOOK_DOWN:
33             MOV.B     @ER1,R0H
34             BEQ       EXIT_HANDLE   ; 0ならば表の終わり
35             CMP.B     R0H,R0L       ; センサとの比較
```

```
36              BEQ     SET_MARK
37              ADD.L   #3,ER1          ; アドレスを次の行へ
38              BRA     LOOK_DOWN
39      SET_MARK:
40              INC.L   #1,ER1
41              MOV.B   @ER1,R0L
42              MOV.b   R0L,@LMARK      ; LMARKのセット
43              INC.L   #1,ER1
44              MOV.B   @ER1,R0L
45              MOV.b   R0L,@RMARK      ;RMARKのセット
46      EXIT_HANDLE:
47              RTS
48      ; ここからはセンサの入力に応じた，パルス幅の設定
49      TBL:
50              .DATA.B B'001100,20,20
51              .DATA.B B'001000,22,20
52              .DATA.B B'011000,26,20
53              .DATA.B B'010000,31,20
54              .DATA.B B'110000,37,20
55              .DATA.B B'100000,44,20
56              .DATA.B B'000100,20,22
57              .DATA.B B'000110,20,26
58              .DATA.B B'000010,20,31
59              .DATA.B B'000011,20,37
60              .DATA.B B'000001,20,44
61              .DATA.B 0
62      ;
63      ; 励磁周期カウンタのカウントダウン
64      ;
65      STEP_COUNT:
66              MOV.B   @LCNT,R0L
67              DEC.B   R0L             ; 左カウンタのカウントダウン
68              BNE     SET_LCNT        ; 左カウンタは0か
69              MOV.B   @LOUT,R0L
70              ROTR.B  R0L             ; 左励磁信号のローテート
71              MOV.B   R0L,@LOUT
```

```
 72             MOV.B    @LMARK,R0L    ; 左カウンタは左パルス周期に設定
 73    SET_LCNT:
 74             MOV.B    R0L,@LCNT     ; 左カウンタ変数の設定
 75
 76             MOV.B    @RCNT,R0L
 77             DEC.B    R0L           ; 右カウンタのカウントダウン
 78             BNE      SET_RCNT      ; 右カウンタは0か
 79             MOV.B    @ROUT,R0L
 80             ROTL.B   R0L           ; 右励磁信号のローテート
 81             MOV.B    R0L,@ROUT
 82             MOV.B    @RMARK,R0L    ; 右カウンタは右パルス周期に設定
 83    SET_RCNT:
 84             MOV.B    R0L,@RCNT     ; 右カウンタ変数の設定
 85             RTS
 86    ;
 87    ; ステッピングモータ出力
 88    ;
 89    STEP_OUT:
 90             MOV.B    @LOUT,R0L
 91             AND.B    #H'F0,R0L     ; 左モータは上位4ビット
 92             MOV.B    @ROUT,R0H
 93             AND.B    #H'0F,R0H     ; 右モータは下位4ビット
 94             OR.B     R0H,R0L
 95             MOV.B    R0L,@PDR8     ; ステッピングモータへ出力
 96             RTS
 97    ;
 98    ; 待機ルーチン
 99    ;
100    WAIT:    MOV.L    #500,ER1      ; 待機ループ回数の設定
101    WAIT0:   DEC.L    #1,ER1
102             BNE      WAIT0
103             RTS
104    ;
105    ; システムの初期化
106    ;
107    INIT:
```

```
108              MOV.B     #0,R0L
109              MOV.B     R0L,@PCR1    ; ポート1を入力に設定
110              MOV.B     R0L,@PCR5    ; ポート5を入力に設定
111              MOV.B     #H'FF,R0L
112              MOV.B     R0L,@PCR8    ; ポート8を出力に設定
113              XOR.B     R0L,R0L
114              MOV.B     R0L,@PDR8    ; モータを開放
115     ; 変数の初期値の設定
116              MOV.B     #20,R0L
117              MOV.B     R0L,@LCNT    ; 左モータ速度の初期化
118              MOV.B     R0L,@LMARK
119              MOV.B     #20,R0L
120              MOV.B     R0L,@RCNT    ; 右モータ速度の初期化
121              MOV.B     R0L,@RMARK
122              MOV.B     #H'33,R0L    ; 出力パルスの初期化
123              MOV.B     R0L,@LOUT
124              MOV.B     R0L,@ROUT
125     RTS
126     ;
127     ; グローバル変数
128     ;
129              .ALIGN    2
130     LMARK:   .RES.B    1            ; 左パルス周期
131     RMARK:   .RES.B    1            ; 右パルス周期
132     LCNT:    .RES.B    1            ; 左カウンタ
133     RCNT:    .RES.B    1            ; 右カウンタ
134     LOUT:    .RES.B    1            ; 左励磁信号
135     ROUT:    .RES.B    1            ; 右励磁信号
136
137              .END
```

さて，皆さんのロボットは無事に動いたでしょうか。プログラムを作るとき，「わかりやすい」，「読みやすい」，「効率がよい」，「後から修正がしやすい」などといった目標があります。時には，「わかりやすいけれども効率が悪い」，「効率はよいがわかりにくい」といったこともあります。工夫のしどころです。皆さん

はプログラムに何を求めますか。いずれにしても，よいアルゴリズムを見つけることが大切です。よいアルゴリズムのプログラムは，美しいですから。

7.5 プログラムのROM化

最終的にデバッグが終了したところで，プログラムをROMにセットします。プログラムをROMにセットすれば，ロボットの電源スイッチをONにすれば，すぐにプログラムが働きます。

RAMでのプログラム開発のときは，メモリを意識しないでプログラムを作りました。しかし，プログラムをROMに配置するときには，実行命令をROMに配置し，変数などをRAMに配置するといった注意が必要です。このような作業をプログラムの**ROM化**と呼びます。

7.5.1 プログラムとセクション

ここで**セクション**の話をします。セクションはなじみの薄い言葉かもしれませんが，プログラムをROM化するとき，セクションの考え方はとても重要です。なぜならば，プログラムをマイコンにセットするときに，CPUの命令はROMに，変数はRAMに置かなければならないからです。そこでプログラムを作るときに，CPUの命令は命令セクションに，変数は変数セクションにといったように，プログラムをセクションに分けてコーディングします。

セクションは.SECTION 命令で始まります。次の.SECTION 命令までが1つのセクションです。一般的にプログラムは，次のセクションに分けられます。

- 命令コードセクション：CPUが実行する命令を置きます。プログラムをROM化するとき，このセクションはROMに配置します。
- 変数セクション：データを一時的に蓄えるメモリ領域です。このセクションはRAMに配置します。
- 定数セクション：変化することのない定まったデータを置くためのメモリ領域です。プログラムをROM化するとき，このセクションはROMに配置し

ます．変数の初期値もこのセクションに含まれますが，最初にデータを変数セクションに転送する必要があります．
- 割込みベクタテーブルセクション：システムにリセットや割り込みが発生すると，このセクションに書かれたアドレスがCPUのプログラムカウンタにセットされて，割り込み処理プログラムの実行が始まります．
- スタックセクション：スタック領域です．

7.5.2 実行命令の配置とプログラムの実行開始

リスト7.1のプログラムをROM化します．

電源を投入したときのH8マイコンは，リセット状態になります．リセット状態に入ると，CPUはメモリの0番地からアドレスを読み取って，プログラムカウンタにセットします．そしてプログラムの実行が始まります．

プログラムは，スタートアップルーチンの実行から始まります．スタートアップルーチンでは，スタックポインタの設定や割り込み許可／禁止といった，マイコンの立ち上がり処理をします．以上の処理のために，リスト7.4の12行目

```
;------------------------------------------
; ベクタテーブルセクション
;------------------------------------------

        .SECTION VECT,DATA,LOCATE=H'0
        .DATA.L  RESET


;------------------------------------------
; 命令コードセクション
;------------------------------------------

        .SECTION PROG,CODE,LOCATE=H'0034
 RESET:
        MOV.L   #H'FFFF00,SP     ; スタックの設定
```

を，次のように書き換えます．マイコンがリセットされると，0034番地（16進数）から実行が始まります．

7.5.3 変数領域の配置

変数はプログラム処理中に内容が変わるため，RAMに配置します．リスト7.4の128行目以降を次のように書き換え，変数をF780番地（16進数）から配置します．

```
;------------------------------------------------
; 変数セクション
;------------------------------------------------
        .SECTION WORK,DATA,LOCATE=H'F780
LMARK:  .RES.W  1              ; 左パルス周期
 …
```

以上でプログラムのROM化は終わりです．プログラムをROMに書き込んで実行して下さい．図7.19にメモリ上のプログラムの配置を示します．

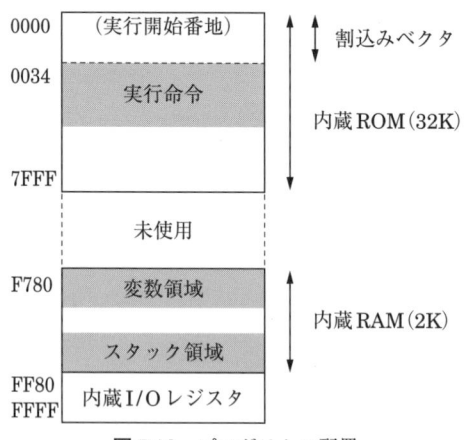

図7.19　プログラムの配置

参考文献

本書の執筆にあたり，多くの文献・資料を参考にさせていただきました．参考文献名を掲げるとともに，厚くお礼申し上げます．

[参考書籍]
- マイコン・プログラミング
  白土義男「H8ビギナーズガイド」東京電機大学出版局
  今野金顕「マイコン技術教科書H8編」CQ出版社
  浅川毅「PICアセンブラ入門」東京電機大学出版局
- 電子回路，ロボット
  浅野健一「高速マイクロマウスの作り方」東京電機大学出版局
  小川鑛一・加藤了三「基礎ロボット工学」東京電機大学出版局
  「トランジスタ技術（月刊誌）」CQ出版社
  「ロボコンマガジン（月刊誌）」オーム社

[参考URL]
- マイコン・電子部品のデータシート
  ルネサステクノロジ　　　http://www.renesas.com/jpn/
  東芝セミコンダクタ　　　http://www.semicon.toshiba.co.jp/
  NECエレクトロニクス　　http://www.necel.com/index_j.html
  オムロン　　　　　　　　http://www.omron.co.jp/index2.html
  浜松フォトニクス　　　　http://www.hpk.co.jp/
  日本サーボ　　　　　　　http://www.japanservo.jp/
  マブチモータ　　　　　　http://www.mabuchi-motor.co.jp/
  エフテック　　　　　　　http://www.ftech-net.co.jp/index.html

- 部品の入手先
  秋月電子通商　　　　　http://akizukidenshi.com/
  ツクモロボコン館　　　http://www.rakuten.co.jp/tsukumo/
  タミヤ模型　　　　　　http://www.tamiya.com/japan/j-home.htm
- ライントレースロボット
  マイコンカーラリー　　http://www.mcr.gr.jp/

付録　H8命令セット

A.1 (1) 命令セット

	ニーモニック	サイズ	#xx	Rn	@ERn	@(d, ERn)	@-ERn/@ERn+	@aa	@(d, PC)	@@aa	-	オペレーション	I	H	N	Z	V	C	ノーマル	アドバンスト
MOV	MOV.B #xx:8,Rd	B	2									#xx:8→Rd8	-	-	↕	↕	0	-	2	2
	MOV.B Rs,Rd	B		2								Rs8→Rd8	-	-	↕	↕	0	-	2	2
	MOV.B @ERs,Rd	B			2							@ERs→Rd8	-	-	↕	↕	0	-	4	4
	MOV.B @(d:16,ERs),Rd	B				4						@(d:16,ERs)→Rd8	-	-	↕	↕	0	-	6	6
	MOV.B @(d:24,ERs),Rd	B				8						@(d:24,ERs)→Rd8	-	-	↕	↕	0	-	10	10
	MOV.B @ERs+,Rd	B					2					@ERs→Rd8,ERs32+1→ERs32	-	-	↕	↕	0	-	6	6
	MOV.B @aa:8,Rd	B						2				@aa:8→Rd8	-	-	↕	↕	0	-	4	4
	MOV.B @aa:16,Rd	B						4				@aa:16→Rd8	-	-	↕	↕	0	-	6	6
	MOV.B @aa:24,Rd	B						6				@aa:24→Rd8	-	-	↕	↕	0	-	8	8
	MOV.B Rs,@ERd	B			2							Rs8→@ERd	-	-	↕	↕	0	-	4	4
	MOV.B Rs,@(d:16,ERd)	B				4						Rs8→@(d:16,ERd)	-	-	↕	↕	0	-	6	6
	MOV.B Rs,@(d:24,ERd)	B				8						Rs8→@(d:24,ERd)	-	-	↕	↕	0	-	10	10
	MOV.B Rs,@-ERd	B					2					ERd32-1→ERd32,Rs8→@ERd	-	-	↕	↕	0	-	6	6
	MOV.B Rs,@aa8	B						2				Rs8→@aa8	-	-	↕	↕	0	-	4	4
	MOV.B Rs,@aa16	B						4				Rs8→@aa16	-	-	↕	↕	0	-	6	6
	MOV.B Rs,@aa24	B						6				Rs8→@aa24	-	-	↕	↕	0	-	8	8
	MOV.W #xx16,Rd	W	4									#xx:16→Rd16	-	-	↕	↕	0	-	4	4
	MOV.W Rs,Rd	W		2								Rs16→Rd16	-	-	↕	↕	0	-	2	2
	MOV.W @ERs,Rd	W			2							@ERs→Rd16	-	-	↕	↕	0	-	4	4
	MOV.W @(d:16,ERs),Rd	W				4						@(d:16,ERs)→Rd16	-	-	↕	↕	0	-	6	6
	MOV.W @(d:24,ERs),Rd	W				8						@(d:24,ERs)→Rd16	-	-	↕	↕	0	-	10	10
	MOV.W @ERs+,Rd	W					2					@ERs→Rd16,ERs32+2→@ERd32	-	-	↕	↕	0	-	6	6
	MOV.W @aa:16,Rd	W						4				@aa:16→Rd16	-	-	↕	↕	0	-	6	6
	MOV.W @aa:24,Rd	W						6				@aa:24→Rd16	-	-	↕	↕	0	-	8	8

＊実行ステート数は、オペコードおよびオペランドが内蔵メモリに存在する場合である。以下A,Bまで同様。

A.1 (2) 命令セット

ニーモニック		サイズ	#xx	Rn	@ERn	@(d,ERn)	@ERn/@ERn+	@aa	@(d,PC)	@@aa	-	オペレーション	コンディションコード					実行ステート数	
													I	H	N	Z	V	C	ノーマル	アドバンスト
MOV	MOV.W Rs,@ERd	W			2							Rs16→@ERd	-	-	↕	↕	0	-		4
	MOV.W Rs,@(d:16,ERd)	W				4						Rs16→@(d:16,ERd)	-	-	↕	↕	0	-		6
	MOV.W Rs,@(d:24,ERd)	W				8						Rs16→@(d:24,ERd)	-	-	↕	↕	0	-		10
	MOV.W Rs,@-ERd	W					2					ERd32-2→ERd32,Rs16→@ERd	-	-	↕	↕	0	-		6
	MOV.W Rs,@aa:16	W						4				Rs16→@aa:16	-	-	↕	↕	0	-		6
	MOV.W Rs,@aa:24	W						6				Rs16→@aa:24	-	-	↕	↕	0	-		8
	MOV.W #xx:32,Rd	L	6									#xx:32→Rd32	-	-	↕	↕	0	-		6
	MOV.L ERs,ERd	L		2								ERs32→ERd32	-	-	↕	↕	0	-		2
	MOV.L @ERs,ERd	L			4							@ERs→ERd32	-	-	↕	↕	0	-		8
	MOV.L @(d:16,ERs),ERd	L				6						@(d:16,ERs)→ERd32	-	-	↕	↕	0	-		10
	MOV.L @(d:24,ERs),ERd	L				10						@(d:24,ERs)→ERd32	-	-	↕	↕	0	-		14
	MOV.L @ERs+,ERd	L					4					@ERs→ERd32,ERs32+4→ERs32	-	-	↕	↕	0	-		10
	MOV.L @aa:16,ERd	L						6				@aa:16→ERd32	-	-	↕	↕	0	-		10
	MOV.L @aa:24,ERd	L						8				@aa:24→ERd32	-	-	↕	↕	0	-		12
	MOV.L ERs,@ERd	L			4							ERs32→@ERd	-	-	↕	↕	0	-		8
	MOV.L ERs,@(d:16,ERd)	L				6						ERs32→@(d:16,ERd)	-	-	↕	↕	0	-		10
	MOV.L ERs,@(d:24,ERd)	L				10						ERs32→@(d:24,ERd)	-	-	↕	↕	0	-		14
	MOV.L ERs,@-ERd	L					4					ERs32-4→ERd32,ERs32→@ERd	-	-	↕	↕	0	-		10
	MOV.L ERs,@aa:16	L						6				ERs32→@aa:16	-	-	↕	↕	0	-		10
	MOV.L ERs,@aa:24	L						8				ERs32→@aa:24	-	-	↕	↕	0	-		12
POP	POP.W Rn	W									2	@SP→Rn16,SP+2→SP	-	-	↕	↕	0	-		6
	POP.L ERn	L									4	@SP→ERn32,SP+4→SP	-	-	↕	↕	0	-		10
PUSH	PUSH.W Rn	W									2	SP-2→SP,Rn16→@SP	-	-	↕	↕	0	-		6
	PUSH.L ERn	L									4	SP-4→SP,ERn32→@SP	-	-	↕	↕	0	-		10
MOVFPE	MOVFPE @aa:16,Rd	B						4				@aa:16→Rd(E同期)	-	-	↕	↕	0	-		(6)
MOVTPE	MOVTPE Rs,@aa:16	B						4				Rs→@aa:16(E同期)	-	-	↕	↕	0	-		(6)

198　付録

A.1 (3) 命令セット

	ニーモニック	サイズ	#xx	Rn	@ERn	@(d, ERn)	@ERn+/@-ERn	@aa	@(d, PC)	@@aa	—	オペレーション	I	H	N	Z	V	C	ノーマル	アドバンスト
ADD	ADD.B #xx8,Rd	B	2									Rd8+#xx8→Rd8	—	↕	↕	↕	↕	↕	2	
	ADD.B Rs,Rd	B		2								Rd8+Rs8→Rd8	—	↕	↕	↕	↕	↕	2	
	ADD.W #xx16,Rd	W	4									Rd16+#xx16→Rd16	—	(1)	↕	↕	↕	↕	4	
	ADD.W Rs,Rd	W		2								Rd16+Rs16→Rd16	—	(1)	↕	↕	↕	↕	2	
	ADD.L #xx32,ERd	L	6									ERd32+#xx32→ERd32	—	(2)	↕	↕	↕	↕	6	
	ADD.L ERs,ERd	L		2								ERd32+ERs32→ERd32	—	(2)	↕	↕	↕	↕	2	
ADDX	ADDX.B #xx8,Rd	B	2									Rd8+#xx8+C→Rd8	—	↕	↕	(3)	↕	↕	2	
	ADDX.B Rs,Rd	B		2								Rd8+Rs8+C→Rd8	—	↕	↕	(3)	↕	↕	2	
ADDS	ADDS.L #1,ERd	L		2								ERd32+1→ERd32	—	—	—	—	—	—	2	
	ADDS.L #2,ERd	L		2								ERd32+2→ERd32	—	—	—	—	—	—	2	
	ADDS.L #4,ERd	L		2								ERd32+4→ERd32	—	—	—	—	—	—	2	
INC	INC.B Rd	B		2								Rd8+1→Rd8	—	—	↕	↕	↕	—	2	
	INC.W #1,Rd	W		2								Rd16+1→Rd16	—	—	↕	↕	↕	—	2	
	INC.W #2,Rd	W		2								Rd16+2→Rd16	—	—	↕	↕	↕	—	2	
	INC.L #1,ERd	L		2								ERd32+1→ERd32	—	—	↕	↕	↕	—	2	
	INC.L #2,ERd	L		2								ERd32+2→ERd32	—	—	↕	↕	↕	—	2	
DAA	DAA Rd	B		2								Rd 10進補正→Rd8	—	*	↕	↕	*	↕	2	
SUB	SUB.B Rs,Rd	B		2								Rd8-Rs8→Rd8	—	↕	↕	↕	↕	↕	2	
	SUB.W #xx16,Rd	W	4									Rd16-#xx16→Rd16	—	(1)	↕	↕	↕	↕	4	
	SUB.W Rs,Rd	W		2								Rd16-Rs16→Rd16	—	(1)	↕	↕	↕	↕	2	
	SUB.L #xx32,ERd	L	6									ERd32-#xx32→ERd32	—	(2)	↕	↕	↕	↕	6	
	SUB.L ERs,ERd	L		2								ERd32-ERs32→ERd32	—	(2)	↕	↕	↕	↕	2	
SUBX	SUBX #xx8,Rd	B	2									Rd8-#xx8-C→Rd8	—	↕	↕	(3)	↕	↕	2	
	SUBX Rs,Rd	B		2								Rd8-Rs8-C→Rd8	—	↕	↕	(3)	↕	↕	2	

(1), (2), (3) は p.208 [注] 参照

A.1 (4) 命令セット

	ニーモニック		サイズ	#xx	Rn	@ERn	@(d,ERn)/@ERn+/@-ERn	@aa	@(d,PC)	@@aa	—	オペレーション	I	H	N	Z	V	C	ノーマル	アドバンスト
SUBS	SUBS	#1,ERd	L		2							ERd32-1→ERd32	—	—	—	—	—	—	2	
	SUBS	#2,ERd	L		2							ERd32-2→ERd32	—	—	—	—	—	—	2	
	SUBS	#4,ERd	L		2							ERd32-4→ERd32	—	—	—	—	—	—	2	
DEC	DEC.B	Rd	B		2							Rd8-1→Rd8	—	—	↕	↕	↕	—	2	
	DEC.W	#1,Rd	W		2							Rd16-1→Rd16	—	—	↕	↕	↕	—	2	
	DEC.W	#2,Rd	W		2							Rd16-2→Rd16	—	—	↕	↕	↕	—	2	
	DEC.L	#1,ERd	L		2							ERd32-1→ERd32	—	—	↕	↕	↕	—	2	
	DEC.L	#2,ERd	L		2							ERd32-2→ERd32	—	—	↕	↕	↕	—	2	
DAS	DAS Rd		B		2							Rd8 10進補正→Rd8	—	*	↕	↕	*	—	2	
MULXU	MULXU.B Rs,Rd		B		2							Rd8×Rs8→Rd16(符号なし乗算)	—	—	—	—	—	—	14	
	MULXU.W Rs,ERd		W		2							Rd16×Rs16→ERd32(符号なし乗算)	—	—	—	—	—	—	22	
MULXS	MULXS.B Rs,Rd		B		4							Rd8×Rs8→Rd16(符号付乗算)	—	—	↕	↕	—	—	16	
	MULXS.W Rs,ERd		W		4							Rd16×Rs16→ERd32(符号付乗算)	—	—	↕	↕	—	—	24	
DIVXU	DIVXU.B Rs,Rd		B		2							Rd16÷Rs8→Rd16(RdH:余り, RdL:商)(符号なし除算)	—	—	(4)	(5)	—	—	14	
	DIVXU.W Rs,ERd		W		2							ERd32÷Rs16→ERd32(Ed:余り, Rd:商)(符号なし除算)	—	—	(4)	(5)	—	—	22	
DIVXS	DIVXS.B Rs,Rd		B		4							Rd16÷Rs8→Rd16(RdH:余り, RdL:商)(符号付除算)	—	—	(6)	(5)	—	—	16	
	DIVXS.W Rs,ERd		W		4							ERd32÷Rs16→ERd32(Ed:余り, Rd:商)(符号付除算)	—	—	(6)	(5)	—	—	24	
CMP	CMP.B #xx8,Rd		B	2								Rd8-#xx8	—	↕	↕	↕	↕	↕	2	
	CMP.B Rs,Rd		B		2							Rd8-Rs8	—	↕	↕	↕	↕	↕	2	
	CMP.W #xx:16,Rd		W	4								Rd16-#xx:16	—	(1)	↕	↕	↕	↕	4	
	CMP.W Rs,Rd		W		2							Rd16-Rs16	—	↕	↕	↕	↕	↕	2	
	CMP.L #xx:32,ERd		L	6								ERd32-#xx:32	—	(2)	↕	↕	↕	↕	6	
	CMP.L ERs,ERd		L		2							ERd32-ERs32	—	(2)	↕	↕	↕	↕	2	
NEG	NEG.B Rd		B		2							0-Rd8→Rd8	—	↕	↕	↕	↕	↕	2	
	NEG.W Rd		W		2							0-Rd16→Rd16	—	↕	↕	↕	↕	↕	2	
	NEG.L ERd		L		2							0-ERd32→ERd32	—	↕	↕	↕	↕	↕	2	

(1), (2), (4), (5), (6) は p.208[注]参照

A.1 (5) 命令セット

ニーモニック		サイズ	アドレッシングモード/命令長 (バイト)							オペレーション	コンディションコード						実行ステート数	
			#xx	Rn	@ERn	@(d, ERn)	@-ERn/@ERn+	@aa	@(d, PC)	@@aa		I	H	N	Z	V	C	ノーマル	アドバンスト
EXTU	EXTU.W Rd	W		2								0→(<bit15~8>of Rd16)	—	—	0	↕	0	—	2	
	EXTU.L ERd	L		2								0→(<bit31~16>of ERd32)	—	—	0	↕	0	—	2	
EXTS	EXTS.W Rd	W		2								(<bit7>of Rd16)→(<bit15~8>of Rd16)	—	—	↕	↕	0	—	2	
	EXTS.L ERd	L		2								(<bit15>of ERd32)→(<bit31~16>of ERd32)	—	—	↕	↕	0	—	2	

A.2 論理演算命令

	ニーモニック	サイズ	アドレッシングモード/命令長 (バイト)								オペレーション	コンディションコード						実行ステート数	
			#xx	Rn	@ERn	@(d, ERn)	@-ERn/@ERn+	@aa	@(d, PC)	@@aa		I	H	N	Z	V	C	ノーマル	アドバンスト
AND	AND.B #xx8,Rd	B	2								Rd8∧#xx8→Rd8	—	—	↕	↕	0	—	2	
	AND.B Rs,Rd	B		2							Rd8∧Rs8→Rd8	—	—	↕	↕	0	—	2	
	AND.W #xx16,Rd	W	4								Rd16∧#xx16→Rd16	—	—	↕	↕	0	—	4	
	AND.W Rs,Rd	W		2							Rd16∧Rs16→Rd16	—	—	↕	↕	0	—	2	
	AND.L #xx32,ERd	L	6								ERd32∧#xx32→ERd32	—	—	↕	↕	0	—	6	
	AND.L ERs,ERd	L		4							ERd32∧ERs32→ERd32	—	—	↕	↕	0	—	4	
OR	OR.B #xx8,Rd	B	2								Rd8∨#xx8→Rd8	—	—	↕	↕	0	—	2	
	OR.B Rs,Rd	B		2							Rd8∨Rs8→Rd8	—	—	↕	↕	0	—	2	
	OR.W #xx16,Rd	W	4								Rd16∨#xx16→Rd16	—	—	↕	↕	0	—	4	
	OR.W Rs,Rd	W		2							Rd16∨Rs16→Rd16	—	—	↕	↕	0	—	2	
	OR.L #xx32,ERd	L	6								ERd32∨#xx32→ERd32	—	—	↕	↕	0	—	6	
	OR.L ERs,ERd	L		4							ERd32∨ERs32→ERd32	—	—	↕	↕	0	—	4	
XOR	XOR.B #xx8,Rd	B	2								Rd8⊕#xx8→Rd8	—	—	↕	↕	0	—	2	
	XOR.B Rs,Rd	B		2							Rd8⊕Rs8→Rd8	—	—	↕	↕	0	—	2	
	XOR.W #xx16,Rd	W	4								Rd16⊕#xx16→Rd16	—	—	↕	↕	0	—	4	
	XOR.W Rs,Rd	W		2							Rd16⊕Rs16→Rd16	—	—	↕	↕	0	—	2	
	XOR.L #xx32,ERd	L	6								ERd32⊕#xx32→ERd32	—	—	↕	↕	0	—	6	
	XOR.L ERs,ERd	L		4							ERd32⊕ERs32→ERd32	—	—	↕	↕	0	—	4	
NOT	NOT.B Rd	B		2							~Rd8→Rd8	—	—	↕	↕	0	—	2	
	NOT.W Rd	W		2							~Rd16→Rd16	—	—	↕	↕	0	—	2	
	NOT.L ERd	L		2							~Rd32→Rd32	—	—	↕	↕	0	—	2	

付録 201

A.3 シフト命令

ニーモニック		サイズ	アドレッシングモード/命令長（バイト）							オペレーション	コンディションコード						実行ステート数	
			#xx	Rn	@ERn	@(d,ERn)	@-ERn/@ERn+	@aa	@(d,PC)	@@aa		I	H	N	Z	V	C	ノーマル	アドバンスト
SHAL	SHAL.B Rd	B		2							C←[ ]←0 MSB→LSB	-	-	↕	↕	↕	↕		2
	SHAL.W Rd	W		2								-	-	↕	↕	↕	↕		2
	SHALL ERd	L		2								-	-	↕	↕	↕	↕		2
SHAR	SHAR.B Rd	B		2							[ ]→[ ]→C MSB→LSB	-	-	↕	↕	0	↕		2
	SHAR.W Rd	W		2								-	-	↕	↕	0	↕		2
	SHAR.L ERd	L		2								-	-	↕	↕	0	↕		2
SHLL	SHLL.B Rd	B		2							C←[ ]←0 MSB→LSB	-	-	↕	↕	0	↕		2
	SHLL.W Rd	W		2								-	-	↕	↕	0	↕		2
	SHLL.L ERd	L		2								-	-	↕	↕	0	↕		2
SHLR	SHLR.B Rd	B		2							0→[ ]→C MSB→LSB	-	-	0	↕	0	↕		2
	SHLR.W Rd	W		2								-	-	0	↕	0	↕		2
	SHLR.L ERd	L		2								-	-	0	↕	0	↕		2
ROTXL	ROTXL.B Rd	B		2							C←[ ]←C MSB→LSB	-	-	↕	↕	0	↕		2
	ROTXL.W Rd	W		2								-	-	↕	↕	0	↕		2
	ROTXL.L ERd	L		2								-	-	↕	↕	0	↕		2
ROTXR	ROTXR.B Rd	B		2							[ ]→[ ]→C MSB→LSB	-	-	↕	↕	0	↕		2
	ROTXR.W Rd	W		2								-	-	↕	↕	0	↕		2
	ROTXR.L ERd	L		2								-	-	↕	↕	0	↕		2
ROTL	ROTL.B Rd	B		2							C←[ ]← MSB→LSB	-	-	↕	↕	0	↕		2
	ROTL.W Rd	W		2								-	-	↕	↕	0	↕		2
	ROTL.L ERd	L		2								-	-	↕	↕	0	↕		2
ROTR	ROTR.B Rd	B		2							[ ]→[ ]→C MSB→LSB	-	-	↕	↕	0	↕		2
	ROTR.W Rd	W		2								-	-	↕	↕	0	↕		2
	ROTR.L ERd	L		2								-	-	↕	↕	0	↕		2

A.4 (1) ビット操作命令

ニーモニック		サイズ	アドレッシングモード/命令長 (バイト)								オペレーション	コンディションコード						実行ステート数	
			#xx	Rn	@ERn	@-ERn/@ERn+ @(d,ERn)	@aa	@(d,PC)	@@aa	—		I	H	N	Z	V	C	ノーマル	アドバンスト
BSET	BSET #xx:3,Rd	B		2							(#xx:3 of Rd8)←1	—	—	—	—	—	—	2	
	BSET #xx:3,@ERd	B			4						(#xx:3 of @ERd)←1	—	—	—	—	—	—	8	
	BSET #xx:3,@aa8	B					2				(#xx:3 of @aa8)←1	—	—	—	—	—	—	8	
	BSET Rn,Rd	B		2							(Rn8 of Rd8)←1	—	—	—	—	—	—	2	
	BSET Rn,@ERd	B			4						(Rn8 of @ERd)←1	—	—	—	—	—	—	8	
	BSET Rn,@aa8	B					2				(Rn8 of @aa8)←1	—	—	—	—	—	—	8	
BCLR	BCLR #xx:3,Rd	B		2							(#xx:3 of Rd8)←0	—	—	—	—	—	—	2	
	BCLR #xx:3,@ERd	B			4						(#xx:3 of @ERd)←0	—	—	—	—	—	—	8	
	BCLR #xx:3,@aa8	B					2				(#xx:3 of @aa8)←0	—	—	—	—	—	—	8	
	BCLR Rn,Rd	B		2							(Rn8 of Rd8)←0	—	—	—	—	—	—	2	
	BCLR Rn,@ERd	B			4						(Rn8 of @ERd)←0	—	—	—	—	—	—	8	
	BCLR Rn,@aa8	B					2				(Rn8 of @aa8)←0	—	—	—	—	—	—	8	
BNOT	BNOT #xx:3,Rd	B		2							(#xx:3 of Rd8)←~(#xx:3 of Rd8)	—	—	—	—	—	—	2	
	BNOT #xx:3,@ERd	B			4						(#xx:3 of @ERd)←~(#xx:3 of @ERd)	—	—	—	—	—	—	8	
	BNOT #xx:3,@aa8	B					2				(#xx:3 of @aa8)←~(#xx:3 of @aa8)	—	—	—	—	—	—	8	
	BNOT Rn,Rd	B		2							(Rn8 of Rd8)←~(Rn8 of Rd8)	—	—	—	—	—	—	2	
	BNOT Rn,@ERd	B			4						(Rn8 of @ERd)←~(Rn8 of @ERd)	—	—	—	—	—	—	8	
	BNOT Rn,@aa8	B					2				(Rn8 of @aa8)←~(Rn8 of @aa8)	—	—	—	—	—	—	8	
BTST	BTST #xx:3,Rd	B		2							(#xx:3 of Rd8)←Z	—	—	—	↕	—	—	2	
	BTST #xx:3,@ERd	B			4						(#xx:3 of @ERd)←Z	—	—	—	↕	—	—	6	
	BTST #xx:3,@aa8	B					2				(#xx:3 of @aa8)←Z	—	—	—	↕	—	—	6	
	BTST Rn,Rd	B		2							(Rn8 of Rd8)←Z	—	—	—	↕	—	—	2	
	BTST Rn,@ERd	B			4						(Rn8 of @ERd)←Z	—	—	—	↕	—	—	6	
	BTST Rn,@aa8	B					2				(Rn8 of @aa8)←Z	—	—	—	↕	—	—	6	
BLD	BLD #xx:3,Rd	B		2							(#xx:3 of Rd8)→C	—	—	—	—	—	↕	2	
	BLD #xx:3,@ERd	B			4						(#xx:3 of @ERd)→C	—	—	—	—	—	↕	6	
	BLD #xx:3,@aa8	B					2				(#xx:3 of @aa8)→C	—	—	—	—	—	↕	6	
BILD	BILD #xx:3,Rd	B		2							~(#xx:3 of Rd8)→C	—	—	—	—	—	↕	2	
	BILD #xx:3,@ERd	B			4						~(#xx:3 of @ERd)→C	—	—	—	—	—	↕	6	
	BILD #xx:3,@aa8	B					2				~(#xx:3 of @aa8)→C	—	—	—	—	—	↕	6	

付録 203

A.4 (2) ビット操作命令

ニーモニック		サイズ	アドレッシングモード/命令長(バイト)								オペレーション	コンディションコード						実行ステート数	
			#xx	Rn	@ERn	@(d,ERn)	@-ERn/@ERn+	@aa	@(d,PC)	@@aa	—		I	H	N	Z	V	C	ノーマル	アドバンスト
BST	BST #xx:3,Rd	B		2								~C→(#xx:3 of Rd8)	—	—	—	—	—	—	2	
	BST #xx:3,@ERd	B			4							~C→(#xx:3 of @ERd24)	—	—	—	—	—	—	8	
	BST #xx:3,@aa8	B						4				~C→(#xx:3 of @aa8)	—	—	—	—	—	—	8	
BIST	BIST #xx:3,Rd	B		2								~C→(#xx:3 of Rd8)	—	—	—	—	—	—	2	
	BIST #xx:3,@ERd	B			4							~C→(#xx:3 of @ERd24)	—	—	—	—	—	—	8	
	BIST #xx:3,@aa8	B						4				~C→(#xx:3 of @aa8)	—	—	—	—	—	—	8	
BAND	BAND #xx:3,Rd	B		2								C∧(#xx:3 of Rd8)→C	—	—	—	—	—	—	2	
	BAND #xx:3,@ERd	B			4							C∧(#xx:3 of @ERd24)→C	—	—	—	—	—	↕	6	
	BAND #xx:3,@aa8	B						4				C∧(#xx:3 of @aa8)→C	—	—	—	—	—	↕	6	
BIAND	BIAND #xx:3,Rd	B		2								C∧~(#xx:3 of Rd8)→C	—	—	—	—	—	—	2	
	BIAND #xx:3,@ERd	B			4							C∧~(#xx:3 of @ERd24)→C	—	—	—	—	—	↕	6	
	BIAND #xx:3,@aa8	B						4				C∧~(#xx:3 of @aa8)→C	—	—	—	—	—	↕	6	
BOR	BOR #xx:3,Rd	B		2								C∨(#xx:3 of Rd8)→C	—	—	—	—	—	—	2	
	BOR #xx:3,@ERd	B			4							C∨(#xx:3 of @ERd24)→C	—	—	—	—	—	↕	6	
	BOR #xx:3,@aa8	B						4				C∨(#xx:3 of @aa8)→C	—	—	—	—	—	↕	6	
BIOR	BIOR #xx:3,Rd	B		2								C∨~(#xx:3 of Rd8)→C	—	—	—	—	—	—	2	
	BIOR #xx:3,@ERd	B			4							C∨~(#xx:3 of @ERd24)→C	—	—	—	—	—	↕	6	
	BIOR #xx:3,@aa8	B						4				C∨~(#xx:3 of @aa8)→C	—	—	—	—	—	↕	6	
BXOR	BXOR #xx:3,Rd	B		2								C⊕(#xx:3 of Rd8)→C	—	—	—	—	—	—	2	
	BXOR #xx:3,@ERd	B			4							C⊕(#xx:3 of @ERd24)→C	—	—	—	—	—	↕	6	
	BXOR #xx:3,@aa8	B						4				C⊕(#xx:3 of @aa8)→C	—	—	—	—	—	↕	6	
BIXOR	BIXOR #xx:3,Rd	B		2								C⊕~(#xx:3 of Rd8)→C	—	—	—	—	—	—	2	
	BIXOR #xx:3,@ERd	B			4							C⊕~(#xx:3 of @ERd24)→C	—	—	—	—	—	↕	6	
	BIXOR #xx:3,@aa8	B						4				C⊕~(#xx:3 of @aa8)→C	—	—	—	—	—	↕	6	

A.5 分岐命令

ニーモニック		サイズ	アドレッシングモード/命令長 (バイト)								オペレーション	分岐条件	コンディションコード					実行ステート数	
			#xx	Rn	@ERn	@(d, ERn)	@ERn/@ERn+	@aa	@(d, PC)	@@aa			I	H	N	Z	V	C	ノーマル	アドバンスト
Bcc	BRA d8(BT d8)	–	–	–	–	–	–	–	2	–	–	if condition is true then PC←PC+d else next;	Always	–	–	–	–	–	–	4	
	BRA d:16(BT d:16)	–	–	–	–	–	–	–	4	–	–			–	–	–	–	–	–	6	
	BRN d8(BF d8)	–	–	–	–	–	–	–	2	–	–		Never	–	–	–	–	–	–	4	
	BRN d:16(BF d:16)	–	–	–	–	–	–	–	4	–	–			–	–	–	–	–	–	6	
	BHI d8	–	–	–	–	–	–	–	2	–	–		$CVZ=0$	–	–	–	–	–	–	4	
	BHI d:16	–	–	–	–	–	–	–	4	–	–			–	–	–	–	–	–	6	
	BLS d8	–	–	–	–	–	–	–	2	–	–		$CVZ=1$	–	–	–	–	–	–	4	
	BLS d:16	–	–	–	–	–	–	–	4	–	–			–	–	–	–	–	–	6	
	BCC d8(BHS d8)	–	–	–	–	–	–	–	2	–	–		$C=0$	–	–	–	–	–	–	4	
	BCC d:16(BHS d:16)	–	–	–	–	–	–	–	4	–	–			–	–	–	–	–	–	6	
	BCS d8(BLO d8)	–	–	–	–	–	–	–	2	–	–		$C=1$	–	–	–	–	–	–	4	
	BCS d:16(BLO d:16)	–	–	–	–	–	–	–	4	–	–			–	–	–	–	–	–	6	
	BNE d8	–	–	–	–	–	–	–	2	–	–		$Z=0$	–	–	–	–	–	–	4	
	BNE d:16	–	–	–	–	–	–	–	4	–	–			–	–	–	–	–	–	6	
	BEQ d8	–	–	–	–	–	–	–	2	–	–		$Z=1$	–	–	–	–	–	–	4	
	BEQ d:16	–	–	–	–	–	–	–	4	–	–			–	–	–	–	–	–	6	
	BVC d8	–	–	–	–	–	–	–	2	–	–		$V=0$	–	–	–	–	–	–	4	
	BVC d:16	–	–	–	–	–	–	–	4	–	–			–	–	–	–	–	–	6	
	BVS d8	–	–	–	–	–	–	–	2	–	–		$V=1$	–	–	–	–	–	–	4	
	BVS d:16	–	–	–	–	–	–	–	4	–	–			–	–	–	–	–	–	6	
	BPL d8	–	–	–	–	–	–	–	2	–	–		$N=0$	–	–	–	–	–	–	4	
	BPL d:16	–	–	–	–	–	–	–	4	–	–			–	–	–	–	–	–	6	
	BMI d8	–	–	–	–	–	–	–	2	–	–		$N=1$	–	–	–	–	–	–	4	
	BMI d:16	–	–	–	–	–	–	–	4	–	–			–	–	–	–	–	–	6	

A.6 (1) システム制御命令

	ニーモニック	サイズ	Rn	@ERn	@(d,ERn)	@-ERn/@ERn+	@aa	@(d,PC)	@@aa	—	オペレーション	分岐条件	I	H	N	Z	V	C	ノーマル	アドバンスト
Bcc	BGE d8	—					2				if condition is true then PC←PC+d else next;	N⊕V=0	—	—	—	—	—	—	4	4
	BGE d:16	—					4						—	—	—	—	—	—	6	6
	BLT d8	—					2					N⊕V=1	—	—	—	—	—	—	4	4
	BLT d:16	—					4						—	—	—	—	—	—	6	6
	BGT d8	—					2					Z∨(N⊕V)=0	—	—	—	—	—	—	4	4
	BGT d:16	—					4						—	—	—	—	—	—	6	6
	BLE d8	—					2					Z∨(N⊕V)=1	—	—	—	—	—	—	4	4
	BLE d:16	—					4						—	—	—	—	—	—	6	6
JMP	JMP @ERn	—		2							PC←ERn		—	—	—	—	—	—	4	4
	JMP @aa24	—					4				PC←aa24		—	—	—	—	—	—	6	6
	JMP @@aa8	—							2		PC←@aa8		—	—	—	—	—	—	8	10
BSR	BSR d8	—					2				PC←@-SP:PC←PC+d8		—	—	—	—	—	—	6	8
	BSR d:16	—					4				PC←@-SP:PC←PC+d:16		—	—	—	—	—	—	8	10
JSR	JSR @ERn	—		2							PC←@-SP:PC←ERn		—	—	—	—	—	—	6	8
	JSR @aa24	—					4				PC←@-SP:PC←aa24		—	—	—	—	—	—	8	10
	JSR @@aa8	—							2		PC←@-SP:PC←@aa8		—	—	—	—	—	—	8	12
RTS	RTS	—								2	PC←@SP+		—	—	—	—	—	—	8	10

A.6 (2) システム制御命令

ニーモニック		サイズ	\#xx	Rn	@ERn	@(d, ERn)	@-ERn/@ERn+	@aa	@(d, PC)	@@aa	—	オペレーション	I	H	N	Z	V	C	実行ステート数 ノーマル	アドバンスト
TRAPA	TRAPA #x:2	—									2	PC→@-SP,CCR→@-SP,<<ベクタ>>→PC	1	—	—	—	—	—	14	16
RTE	RTE	—									2	CCR→@SP+,PC→@SP+	↕	↕	↕	↕	↕	↕		10
SLEEP	SLEEP	—									2	低消費電力状態に遷移	—	—	—	—	—	—		2
LDC	LDC #xx:8,CCR	B	2									\#xx:8→CCR	↕	↕	↕	↕	↕	↕		2
	LDC Rs,CCR	B		2								Rs8→CCR	↕	↕	↕	↕	↕	↕		2
	LDC @ERs,CCR	W			4							@ERs→CCR	↕	↕	↕	↕	↕	↕		6
	LDC @(d:16,ERs),CCR	W				6						@(d:16,ERs)→CCR	↕	↕	↕	↕	↕	↕		8
	LDC @(d:24,ERs),CCR	W				10						@(d:24,ERs)→CCR	↕	↕	↕	↕	↕	↕		12
	LDC @ERs+,CCR	W					4					@ERs→CCR,ERs32+2→ERs32	↕	↕	↕	↕	↕	↕		8
	LDC @aa:16,CCR	W						6				@aa16→CCR	↕	↕	↕	↕	↕	↕		8
	LDC @aa:24,CCR	W						8				@aa24→CCR	↕	↕	↕	↕	↕	↕		10
STC	STC CCR,Rd	B		2								CCR→Rd8	—	—	—	—	—	—		2
	STC CCR,@ERd	W			4							CCR→@ERd	—	—	—	—	—	—		6
	STC CCR,@(d:16,ERd)	W				6						CCR→@(d:16,ERd)	—	—	—	—	—	—		8
	STC CCR,@(d:24,ERd)	W				10						CCR→@(d:24,ERd)	—	—	—	—	—	—		12
	STC CCR,@-ERd	W					4					ERd32-2→ERd32,CCR→@ERd	—	—	—	—	—	—		8
	STC CCR,@aa:16	W						6				CCR→@aa16	—	—	—	—	—	—		8
	STC CCR,@aa:24	W						8				CCR→@aa24	—	—	—	—	—	—		10
ANDC	ANDC \#xx:8,CCR	B	2									CCR∧\#xx:8→CCR	↕	↕	↕	↕	↕	↕		2
ORC	ORC \#xx:8,CCR	B	2									CCR∨\#xx:8→CCR	↕	↕	↕	↕	↕	↕		2
XORC	XORC \#xx:8,CCR	B	2									CCR⊕\#xx:8→CCR	↕	↕	↕	↕	↕	↕		2
NOP	NOP	—									2	PC→PC+2	—	—	—	—	—	—		2

A.7 命令セット

ニーモニック	サイズ	アドレッシングモード/命令長（バイト）								オペレーション	コンディションコード					実行ステート数	
		#xx	Rn	@ERn	@(d, ERn)	@-ERn/@ERn+	@aa	@(d, PC)	@@aa		I	H	N	Z	V	C	ノーマル	アドバンスト
EEPMOV.B	—									4	if R4L ≠ 0 　Repeat @ER5→@ER6 　　R5+1→R5 　　R6+1→R6 　　R4L-1→R4L 　Until R4L=0 else next;	—	—	—	—	—	—	8+4n	n はR4Lまたは R4の設定値
EEPMOV.W	—									4	if R4L ≠ 0 　Repeat @ER5→@ER6 　　R5+1→R5 　　R6+1→R6 　　R4-1→R4 　Until R4=0 else next;	—	—	—	—	—	—	8+4n	n はR4Lまたは R4の設定値

[注] (1) ビット11から桁上がりまたはビット11へ桁下がりが発生したときに1にセットされ、それ以外のとき0にクリアされる。
　　 (2) ビット27から桁上がりまたはビット27へ桁下がりが発生したときに1にセットされ、それ以外のとき0にクリアされる。
　　 (3) 演算結果がゼロのとき、演算前の値を保持し、それ以外のとき0にクリアされる。
　　 (4) 除数が負のときに1にセットされ、それ以外のとき0にクリアされる。
　　 (5) 除数がゼロのときに1にセットされ、それ以外のとき0にクリアされる。
　　 (6) 商が負のときに1にセットされ、それ以外のとき0にクリアされる。

索引

【命令】

.ARIGN命令　93
.BEQU命令　107
.CPU命令　87
.DATA命令　88, 91
.END命令　89
.EQU命令　105
.RES命令　88, 92
.SDATA命令　92
.SECTION命令　88
ADDX命令　79
ADD命令　74, 79
AND命令　82
Bcc命令　97
BGE命令　95
BSR命令　113, 114
BTST命令　107
CMP命令　81, 95
DEC命令　82
DIVXS命令　80
DIVXU命令　80
INC命令　82
JMP命令　98
JSR命令　114
MOV命令　67
MULXS命令　80
MULXU命令　80
NOT命令　84
OR命令　83
POP命令　115
PUSH命令　115
ROTL命令　109
ROTR命令　109
ROTXL命令　110
ROTXR命令　110
RTS命令　113, 114
SHAL命令　109
SHAR命令　109
SHLL命令　109
SHLR命令　109
SUBX命令　80
SUB命令　80
XOR命令　83

【コマンド】

?コマンド（モニタ用）　66
ASM38コマンド　52
CDコマンド　58
COPYコマンド　59
DAコマンド（モニタ用）　66
DELコマンド　59
DIRコマンド　59
Dコマンド（モニタ用）　65
Gコマンド（モニタ用）　66
HTERMコマンド　53
LNKコマンド　53
Lコマンド（モニタ用）　66
MDコマンド　59

RDコマンド　59
RENコマンド　60

【英数字】

1-2相励磁　139
1相励磁　139
2SC1815　118
2SD560　118
2進数　2,75
　　符号付き――　77
2相励磁　139
2の補数　76
74シリーズ　29
　　スタンダード――　29
74ALSシリーズ　29
74HCシリーズ　29
74LSシリーズ　29
10進数　75
A/D変換器　24
a接点　121
b接点　121
CCR　15
CdS　149
CMOS　29
CPU　1
DCモータ　131
DIP　29
En　15
ERn　15
FET　29, 120
H8マイコン　10
h_{FE}　125
LED　30, 151
LED表示回路　31
LIFO　113
npn型トランジスタ　119

PC　15
PIC　161
pnp型トランジスタ　119
RAM　7
RHn　15
RLn　15
Rn　15
ROM　7
ROM化　192
RS232C　32
TTL　29

【あ　行】

アセンブラ　43
アセンブラ制御命令　73
アセンブリ言語　43
アセンブル
　　逆――　65
アセンブルリスト　60
アドバンストモード　17
アドレッシングモード　69
アドレス　3
アドレスシンボル　70
アドレスバス　4
アドレスレジスタ　71
アノード　30
アルゴリズム　85
暗電流　153

イニシャライズ　104
イミディエイト　70
インクリメント　81

エミッタ　118
エミッタ接地回路　124
エンハンスメント型　120

オーバフロー　79
オーバフローフラグ　15
オブジェクトプログラム　45
オペランド　68，86
オペレーション　68，86

【か　行】

回路
　　LED表示——　31
　　エミッタ接地——　124
　　スイッチ入力——　32
　　デジタル——　2
　　ブリッジ駆動——　135
カウント変数　99
拡張子　45
加算　79
カソード　30
カレントディレクトリ　58

機械語　43
機械命令　68
逆アセンブル　65
キャリ　15，79
キャリビット　15

繰り返し処理　98
クロスリファレンスリスト　60
クロック　4

ゲート　120
減算　80

構造化プログラミング　112
光電スイッチ　148
コーディング　86
コマンド　56

コメント　86
コレクタ　118
コンソール　47
コンディションコードレジスタ　15

【さ　行】

サージ電圧　130
サイズ　18
サブルーチン分岐　110
サブルーチン分岐命令　114
算術演算　78
算術シフト　109

実行可能プログラム　45
実行部　88
実行命令　73
指定
　　絶対アドレス——　69
　　プログラムカウンタ相対——　97
　　レジスタ間接——　71
　　レジスタ直接——　69
シフト　108
　　算術——　109
　　論理——　109
主記憶装置　1
受光素子　148
シュミットトリガ入力　37
順次処理　94
乗算　80
初期設定　104
除算　81

スイッチ入力回路　32
スタック　113
スタックポインタ　113
スタンダード74シリーズ　29

ステッピングモータ　137
スポーツタイヤセット　162
スリーステート　37

整数定数　91
整流子　132
赤外線フォトダイオード　150
セクション　88
セクションデータリスト　60
セッション　192
絶対アドレス指定　69
絶対値表現　77
絶対パス　58
ゼロフラグ　16
センサ　145

相対パス　58
増幅作用　119
ソース（データ）　18, 68
ソース（FET）　120
ソースプログラム　45
即値　70

【た　行】

ターミナルソフト　47
ダーリントントランジスタ　129
タイマ　23
タイマA　23
タイマV　23
タイマW　24

逐次実行方式　2
逐次比較方式　24
チャタリング　147

ディスプリーション型　120

ディスプレースメント　72
ディレクトリ　56
　カレント────　58
ディレクトリ階層構造　56
データバス　5
テキストエディタ　44
デクリメント　81
デジタル回路　2
デスティネーション　18, 68
デューティ比　137
電流増幅率　125

透過型　148
ドライバIC　136
トランジスタ　118
トルク　132
ドレイン　120

【な　行】

流れ図　85
なだれ現象　129

ニーモニック　18
ニーモニックコード　68
ニッカド電池　164
ニッケル水素電池　164

ネガティブフラグ　16

ノーマルモード　17

【は　行】

ハーフキャリフラグ　16
ハイインピーダンス　37
排他的論理和　83
バイポーラ駆動　139

配列　101
バス　1
パス　57
　アドレス ―― 4
　絶対 ―― 58
　相対 ―― 58
　データ ―― 5
発光素子　148, 151
パラレルポート　20
パルス制御法　137
パルスモータ　137
パワー MOS FET　120
反射型　148
番地　3
反転　83
ハンドアセンブル　44
汎用入出力ポート　20
汎用レジスタ　14

比較　81
比較命令　95
光起電力効果　149
光導電効果　149
ビット
　キャリ ―― 15
　割り込みマスク ―― 16
ビット操作命令　106
否定　84

フォトインタラプタ　154
フォトダイオード　150
フォトトランジスタ　150
フォルダ　56
符号化　2
符号付き2進数　77
フラグ

　オーバフロー ―― 15
　ゼロ ―― 16
　ネガティブ ―― 16
　ハーフキャリ ―― 16
フラッシュメモリ　19
ブランチ　97
ブリッジ駆動回路　135
プリデクリメントレジスタ間接指定　72
フローチャート　85
プログラム
　オブジェクト ―― 45
　実行可能 ―― 45
　ソース ―― 45
プログラムカウンタ　15
プログラムカウンタ相対指定　97
プログラム内蔵方式　2
プログラムの基本要素　98
分岐処理　94
分岐命令　94, 95

ベース　118
変位値　72

ポート
　パラレル ―― 20
　汎用入出力 ―― 20
ポートコントロールレジスタ　22
ポートデータレジスタ　22
補数表現　77
ポストインクリメントレジスタ間接指定
　　　71, 101
ボロー　15, 80

【ま　行】

マイクロスイッチ　146
マスキング　82

マルチタスク　6

命令
　　アセンブラ制御——　73
　　実行——　73
命令セット　7
メモリ　1, 7
　　フラッシュ——　19
メモリ空間　5
メモリマップドI/O　103

文字定数　91
モニタ　61

【や　行】

ユニット　1
ユニポーラ駆動　139

【ら　行】

ラベル　86

リードスイッチ　148
リスト
　　アセンブル——　60
　　クロスリファレンス——　60
　　セクションデータ——　60
リセット　6
リミットスイッチ　146
リレー　121

リンカ　45

ルート　58

レギュレタIC　42
レジスタ　6
　　アドレス——　71
　　コンディションコード——　15
　　汎用——　14
　　ポートコントロール——　22
　　ポートデータ——　22
レジスタ間接指定　71
レジスタ直接指定　69

ローテート　109
ロングワードデータ　17
論理演算　82
論理シフト　109
論理積　82
論理和　83

【わ　行】

ワードデータ　17
　　ロング——　17
割り込み　6
割り込みベクタ　19
割り込みマスクビット　16
ワンチップマイコン　9

〈監修者・著者紹介〉

浅川 毅(あさかわ たけし)

学 歴	東海大学 工学部 電子工学科卒業(1984年) 東京都立大学大学院 工学研究科博士課程修了(2001年) 博士(工学)
職 歴	東海大学 電子情報学部 コンピュータ応用工学科 助教授 東京都立大学大学院 工学研究科客員研究員 第一種情報処理技術者
著 書	「図解 やさしい論理回路の設計」オーム社 「PICアセンブラ入門」東京電機大学出版局 「基礎 コンピュータ工学」東京電機大学出版局 ほか

横田 一弘(よこた かずひろ)

学 歴	東京電機大学 工学部 電子工学科卒業(1989年)
職 歴	埼玉県立新座総合技術高等学校 教諭

たのしくできる
H8マイコン制御実験

2004年4月20日 第1版1刷発行	監修者 浅川 毅 著 者 横田 一弘
	発行者 学校法人 東京電機大学 代表者 加藤康太郎
	発行所 東京電機大学出版局 〒101-8457 東京都千代田区神田錦町2-2 振替口座 00160-5-71715 電話 (03)5280-3433(営業) 　　　(03)5280-3422(編集)
印刷 三立工芸㈱ 製本 渡辺製本㈱ 装丁 高橋壮一	ⓒ Asakawa Takeshi, 　Yokota Kazuhiro 2004 Printed in Japan

＊無断で転載することを禁じます。
＊落丁・乱丁本はお取替えいたします。

ISBN4-501-32380-9 C3055

MPU関連図書

PICアセンブラ入門
浅川毅 著　A5判　184頁

マイコンとPIC16F84／マイコンでのデータの扱い／アセンブラ言語／基本プログラムの作成／応用プログラムの作成／マイクロマウスのプログラム

H8アセンブラ入門
浅川毅・堀桂太郎 共著　A5判　224頁

マイコンとH8/300Hシリーズ／マイコンでのデータの扱い／アセンブラ言語／基本プログラムの作成／応用プログラムの作成／プログラム開発ソフトの利用

H8マイコン入門
堀桂太郎 著　A5判　208頁

マイコン制御の基礎／H8マイコンとは／マイコンでのデータ表現／H8/3048Fマイコンの基礎／アセンブラ言語による実習／C言語による実習／H8命令セット一覧／マイコンなどの入手先

H8ビギナーズガイド
白土義男 著　B5変判　248頁

D/AとA/Dの同時変換／ITUの同期／PWMモードでノンオーバラップ3相パルスの生成／SCIによるシリアルデータ送信／DMACで4相パルス生成／サイン波と三角波の生成

たのしくできる PIC電子工作 －CD-ROM付－
後閑哲也 著　A5判　202頁

PICって？／PICの使い方／まず動かしてみよう／電子ルーレットゲーム／光線銃による早撃ちゲーム／超音波距離計／リモコン月面走行車／周波数カウンタ／入出力ピンの使い方

CによるPIC活用ブック
高田直人 著　B5判　344頁

マイコンの基礎知識／Cコンパイラ／プログラム開発環境の準備／実験用マイコンボードの製作／C言語によるPICプログラミングの基礎／PICマイコン制御の基礎演習／PICマイコンの応用事例

たのしくできる C&PIC制御実験
鈴木美朗志 著　A5判　208頁

ステッピングモータの制御／センサ回路を利用した実用装置／単相誘導モータの制御／ベルトコンベヤの制御／割込み実験／7セグメントLEDの点灯制御／自走三輪車／CコンパイラとPICライタ

たのしくできる PICプログラミングと制御実験
鈴木美朗志 著　A5判　244頁

DCモータの制御／単相誘導モータの制御／ステッピングモータの制御／センサ回路を利用した実用回路／7セグメントLED点灯制御／割込み実験／MPLABとPICライタ／ポケコンによるPIC制御

図解 Z80マイコン応用システム入門 ソフト編 第2版
柏谷・佐野・中村 共著　A5判　258頁

マイコンとは／マイコンおけるデータ表現／マイコンの基本構成と動作／Z80MPUの概要／Z80のアセンブラ／Z80の命令／プログラム開発／プログラム開発手順／Z80命令一覧表

図解 Z80マイコン応用システム入門 ハード編 第2版
柏谷・佐野・中村・若島 共著　A5判　276頁

Z80MPU／MPU周辺回路の設計／メモリ／I/Oインタフェース／パラレルデータ転送／シリアルデータ転送／割込み／マイコン応用システム／システム開発

＊定価，図書目録のお問い合わせ・ご要望は出版局までお願いいたします。
URL　http://www.tdupress.jp/

MP-002

「たのしくできる」シリーズ

たのしくできる
やさしいエレクトロニクス工作
西田和明 著　A5判　148頁

光の回路／マスコット蛍光灯／電子オルガン／集音アンプ／鉱石ラジオ／レフレックスラジオ／ワイヤレスミニTV送信器／アイデア回路／電気びっくり箱／念力判定器／半導体テスタ

たのしくできる
やさしい電源の作り方
西田和明・矢野勲 共著　A5判　172頁

基礎知識／手作り電池／ポータブル電源の製作／車載用電圧コンバータ／カーバッテリー用充電器／ポケット蛍光灯／固定電源の製作／出力可変のマルチ1.5A安定化電源／13.8V定電圧電源

たのしくできる
やさしいアナログ回路の実験
白土義男 著　A5判　196頁

トランジスタ回路の実験／増幅回路の実験／FET回路の実験／オペアンプの実験／発振回路の実験／オペアンプ応用回路の実験／光センサ回路／温度センサ回路／定電圧電源回路／リミッタ回路

たのしくできる
センサ回路と制御実験
鈴木美朗志 著　A5判　200頁

光・温度センサ回路／磁気・赤外線センサ回路／超音波・衝撃・圧力センサ回路／Z-80 CPUの周辺回路と制御実験／センサ回路を使用した制御実験／A-D・D-Aコンバータを使用した制御実験

たのしくできる
単相インバータの製作と実験
鈴木美朗志 著　A5判　160頁

インバータによる誘導モータの速度制御／直流電源回路／リレーシーケンス回路／PWM制御回路／周波数カウンタ回路／単相インバータの組立て／機械の速度制御／位相制御回路

たのしくできる
やさしい電子ロボット工作
西田和明 著　A5判　136頁

工作ノウハウ／プリント基板の作り方／ライントレースカー／光探査ロボットカー／ボイスコントロール式ロボットボート／タッチロボット／脱輪復帰ロボット／超音波ロボットマウス

たのしくできる
やさしいメカトロ工作
小峯龍男 著　A5判　172頁

道具と部品／標準の回路とメカニズム／ノコノコ歩くロボット／電源を用意する／光で動かす／音を利用する／ライントレーサ／相撲ロボット競技に挑戦／ロケット花火発射台／自動ブラインド

たのしくできる
やさしいディジタル回路の実験
白土義男 著　A5判　184頁

回路図の見方／回路部品の図記号／回路図の書き方／測定器の使い方／ゲートICの実験／規格表の見方／マルチバイブレータの実験／フリップフロップの実験／カウンタの実験

たのしくできる
PCメカトロ制御実験
鈴木美朗志 著　A5判　208頁

PC入出力装置／基本回路のプログラミング／応用回路のプログラミング／ベルトコンベヤと周辺装置／ベルトコンベヤを利用した吾種の制御／ステッピンクモータとDCモータの制御

たのしくできる
並列処理コンピュータ
小畑正貴 著　A5判　208頁

実験用マルチプロセッサボードmpSHのハードウェア／並列ライブラリプログラム／並列プログラムの実行方法／並列プログラムの基礎／応用問題／分散メモリプログラミング（MPI）

＊定価，図書目録のお問い合わせ・ご要望は出版局までお願いいたします。
URL　http://www.tdupress.jp/

SR-003

「学生のための」シリーズ

学生のための
IT入門

若山芳三郎 著　B5判　160頁

パソコンの基礎から，Wordによる文書作成，Excelによる表計算，PowerPointによるプレゼンテーション，インターネット・電子メールまで，パソコン操作で必要となる項目をすべて網羅。

学生のための
インターネット

金子伸一 著　B5判　128頁

初学者を対象に，インターネットの概要と，情報発信の一つとしてホームページ作成の基礎が習得できるように解説。

学生のための
情報リテラシー

若山芳三郎 著　B5判　196頁

一般に広く使われているWord, Excel, Access, PowerPoint等を取り上げ，基本的な使い方をコンパクトにまとめた。情報教育のテキスト・副教材として執筆。

学生のための
Word&Excel

若山芳三郎 著　B5判　168頁

本書は大学などのテキストとして，また初心者の独習書として，必要な項目を精選し，例題形式で解説した。

学生のための
Word

若山芳三郎 著　B5判　124頁

大学・専門学校などの情報・OA教育のテキストや，初心者の独習書として最適。

学生のための
Excel

若山芳三郎 著　B5判　168頁

大学・専門学校などの情報・OA教育のテキストや，初心者の独習書として最適。

学生のための
Access

若山芳三郎 著　B5判　128頁

Accessの基本操作からテーブルの作成，クエリ，フォーム，レポートの作成，マクロまで幅広く網羅し，重要項目を精選して解説。

学生のための
VisualBasic

若山芳三郎 著　B5判　160頁

本書は，簡単なWindwsソフトの作成を楽しみながら例題演習形式でプログラムの学習を行うことができ，アプリケーションソフトの理解と活用に役立つ。

学生のための
入門Java
JBuilderではじめるプログラミング

中村隆一 著　B5判　168頁

フリーで配布されているJBuilder 6 Personalを用い，初心者のためにプログラミングの基礎を解説。アプレットの作成を中心に，基本的なプログラミングを学ぶ。

学生のための
上達Java
JBuilderで学ぶGUIプログラミング

長谷川洋介 著　B5判　226頁

前半ではグラフィックを描くアプレットの作成，後半はJBuilderに標準装備されているSwingコンポーネントを用いたGUI画面の設計を通して，プログラミングを学ぶ

＊定価，図書目録のお問い合わせ・ご要望は出版局までお願いいたします。
URL　http://www.tdupress.jp/